圖解
單元操作

五南圖書出版公司 印行

吳永富 / 著

閱讀文字

理解內容

觀看圖表

圖解讓
單元操作
更簡單

自序

十九世紀末，英國的公害監察官 George Davis 觀察不同的化學工廠，從中發現了共通的單元方法，因而提出化工程序可以解構成各種單元操作的概念，促進了後世的生產技術發展。他推論出生產所需技術的思維方法，十分值得讀者與筆者學習。Davis 發現單元操作時，採取了歸納性思維，從幾項具體的案例中，找出共通點，最後歸納出普遍性的原則作為結論。使用歸納性思維的前提是經驗與知識豐富，才能激發出突破性的創意。擁有了單元操作的概念後，則可發揮演繹性思維，組合已知的操作技術，開發出前所未有的製程。本書承襲前人的智慧與經驗，扼要說明了各類單元操作方法及其原理，提供讀者可掌握可演繹的前提，以發揮思考力創造出各式生產程序。

掌握單元操作的原理之前，需要理解輸送現象，因此在學術界，輸送現象與單元操作往往會合成一門學問，由教師引領學生縱橫學習。然而，研發者欲開拓新製程時，經常欠缺組合成整體的視野，陷入見樹不見林的窘境，故在理解單元操作之後，建議讀者再投入學習程序設計，先用整體觀點思考製程問題，再拉近視線到局部，探究單元操作與輸送現象，之後又放大視野回到整體流程，並反覆縮小與放大範圍，逐步減少預期與現實的差異，取得局部與整體間的平衡，完成見樹又見林的程序設計目標。

本書講述單元操作原理時，難免運用了許多圖表與方程式。參照愛因斯坦留下的經典名句：「物理學的書，總充滿著複雜的數學式，但每個理論的開端卻是思想和觀念，只是這些構想在日後，必須採取某種數學型式，才可能與實驗對照。」儘管現代的電腦科技發達，可以讀取資料庫的大數據，執行複雜的數值計算，求解非線性方程組，加速設計工作，但筆者仍然勉勵讀者去挑戰複雜原理的推論，以利於未來突破商用軟體的功能限制。

《圖解單元操作》與《圖解輸送現象》皆定位於工程科系學生理解相關物理的入門資料，適用對象的專業背景包括機械工程系、化學工程系、環境工程系、土木工程系、航太工程系、海洋工程系、大氣科學系。書末介紹了單元操作的經典中外文書籍，提供進階學習者延伸閱讀，精益求精。然本書篇幅有限，加上定位

精簡，文中各種單元操作主題皆以最扼要的方式呈現，時而現象說明，時而算式闡述，盼能秉持工程領域中有「理」有「據」的原則，訓練讀者兼具定性原「理」分析和定量數「據」推理的能力。

　　由於科技的發展無法僅憑定性研究，也需定量探索，時至今日，還需要顧及社會與環境，以循環經濟的觀點製造產品，才能實踐永續發展的目標。愛因斯坦多年之前已提及：「關心人類和我們的命運，始終是所有科技努力的目標，在你的圖表與方程式中，永遠不要忘記這一點。」謹獻芻言，願共勉之。

作者　吳永富

2022 年 3 月

CONTENTS 目錄

第五章　整合性操作

第六章　總結

Note

第1章
基本原理

　　本章將說明物理化學程序的概念,並簡述單元操作所牽涉的基本物理定律和應用技術。

1-1 化學工程

生活用品如何生產？

　　現代生活裡的衣食住行育樂用品，多數是透過化學工業生產而得，甚至連綠能科技或循環經濟等新議題，也都伴隨著化學工程。但在古代，化工技術卻常出現於煉丹術或煉金術中，相關研究皆屬皇室貴族的特權。歐洲經歷文藝復興後，實用科學復甦，才逐漸發展出煅燒、溶解、蒸餾、染色等技術。1661 年，Boyle 出版《懷疑的化學家》，奠定了分析化學的基礎；1803 年，Dalton 提出原子說；1811 年，Avogadro 提出分子說。這些進展皆使化學步入微觀領域，至 1869 年 Mendeleev 建立週期表後，更確定了化學工業的發展基礎。進入 20 世紀，全球人口增加，為了滿足民生需求，化工技術被用來量產肥皂、玻璃、紙張等用品，並從家庭製造擴張成工廠量產。

　　以應用於玻璃、洗衣粉、氧化鋁、氫氧化鈉、淨水軟化劑、麵食的碳酸鈉（Na_2CO_3）為例，在工業革命前必須透過砍樹燒成灰才能製造，後來法國的 Le Blanc 使用食鹽、硫酸和煤炭，在高溫爐中製造出 Na_2CO_3，但卻會生成具公害性的副產物 HCl 與 CaS。比利時的土木工程師 Solvay 從小在父親經營的製鹽廠長大，熟悉裝置與程序知識，開發出 6 倍產量的新方法。然而，Solvay 與他的同事們都是不懂工程的化學家，只能憑藉經驗掌握特定化學品之生產技術，無法推展其他產品。

　　至 19 世紀末，英國的公害監察官 George Davis 發現不同的化學工廠皆具有共通程序，例如磨碎、分散、燃燒、攪拌、冷卻、蒸餾、過濾、萃取等單元，因而寫成《A Handbook of Chemical Engineering》，提出由單元操作組成化工程序的概念，並定義出化學工程師的職稱；之後還闡述了從實驗室研發進展到建廠量產的構想，因此被後人尊為「化學工程之父」。另在 1888 年，美國麻省理工學院（MIT）首創化工學程系，以工業化學與機械工程為主要授課內容，吸引許多大學跟進。1902 年，W.H. Walker 就任 MIT 化工系主任後，改採單元操作為核心課程，因而美國尊其為「化學工程之父」。

工廠

原料經過物理、化學或生化處理後得到最終產品的程序,之中包括進料前處理、化學反應、反應產物分離、產品純化和產品包裝輸送

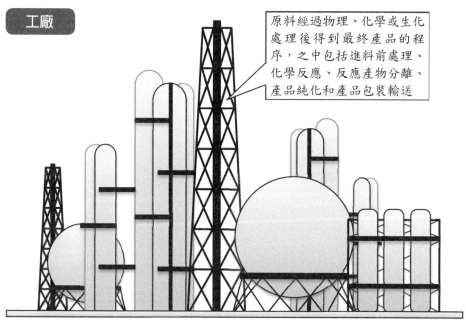

生產流程

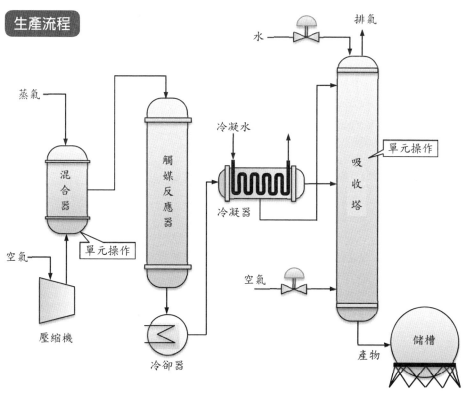

　　成型的化學工業技術首先來自化學家在實驗室測試構想，接著由化學工程師建立具有效益的生產線，大量製造產品並上市發售。因為化學家在實驗室中，只以泛用器材尋找反應條件或觸媒材料，經過簡單分離後得到產物，但不一定考慮到純度。然而，商品量產時不能單純地放大實驗室流程，還必須考慮原料純度、反應器類型、未反應物之回收、觸媒或溶劑之回收、反應熱之處理、產物分離方法、廢液廢氣處理等生產問題。因此，化工技術的發展可總結成下列步驟：

1. 實驗室測試
2. 試驗工廠測試
3. 程序最佳化模擬
4. 建廠與試車
5. 大規模量產

　　在上述流程中，化學工程師扮演重要的角色，尤其在設計新製程之前，往往只知道原料與產品，對於反應器、產品分離技術、操作條件等議題，皆待思索，因而需要進行單元操作的設計。之後再思考整體程序，期望能減少步驟，提升個別操作之效率。為了達到最高效率，可能會採用較多設備，但卻導致總成本增加，因此存在一種最佳設計，而化學工程師必須尋找最適化的流程，並且要將規模放大，從實驗室推廣到試驗廠，再擴大到量產廠。設計完成後，工廠尚需安全順暢的運轉，因此工程師還要提出良好的控制策略。

　　總結化學工業的流程，是指原料經過物理、化學或生化處理後得到最終產品的程序，之中的步驟包括進料前處理、化學反應、反應產物分離、產品純化和產品包裝輸送。化學工程師必須整理、研判與設計化學家所提出的構想和可資運用之訊息，採取最經濟與最安全的程序，以設廠製造出產品，之中將重複利用單元操作的概念。單元操作的對象可依物質狀態分為固體、液體和氣體，有時也包含超臨界流體，這些物質必須被輸送、加熱或冷卻，而且需要經歷混合與分離，因此牽涉動量、熱量與質量之輸送。掌握了單元操作的概念，即可奠定化學工業生產的基礎。

化工程序

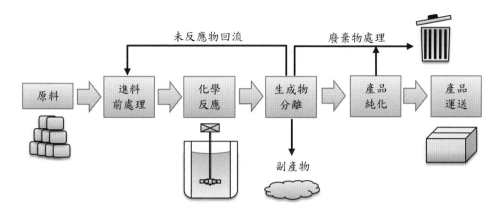

未反應物回流　　　　廢棄物處理

原料 → 進料前處理 → 化學反應 → 生成物分離 → 產品純化 → 產品運送

副產物

單元操作

狀態	輸送程序	熱交換程序	化學反應	分離或混合
氣相	壓縮、傳送、儲送	加熱、冷卻	單相反應 多相反應	蒸餾、凝結、增濕、乾燥、吸收、過濾
液相	管內流動、流經固體	加熱、冷卻	單相反應 多相反應	萃取、溶解、吸附、離子交換、攪拌、乳化
固相	粉粒體輸送	加熱、冷卻	多相反應	分級、過濾、離心、結晶、減積

化學工程核心

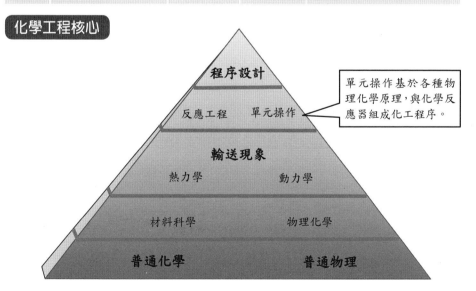

程序設計

反應工程　　單元操作

單元操作基於各種物理化學原理，與化學反應器組成化工程序。

輸送現象

熱力學　　　　動力學

材料科學　　　　物理化學

普通化學　　　　　普通物理

1-2 質能平衡

單元操作必定遵守何種物理定律？

化工程序依其類型可分為批次（batch）、連續（continuous）和半批次（semibatch）。批次程序是指開始時原料從入口進入裝置中，經過一段時間後，容器內的物質再從出口離開，但操作期間，不會有物料進出。連續程序進行時，物料則持續地進出系統。半批次程序進行時，只有物料持續進入系統而無出料，或只有連續出料而無進料。

若化工程序中的所有變數均不隨時間改變，則可稱此程序達到穩態（steady state）；當程序中的變數仍隨時間改變，則此程序屬於暫態（transient state）或非穩態（unsteady state）。為了描述程序中各種對象的變化情形，可計算它們的總量均衡，常被探討的對象包括質量、動量、角動量和能量。進行均衡之前，必須先確定系統（system）和邊界（boundary），例如批次程序中的容器可稱為系統，而其器壁可稱為邊界，若在注入原料後排出產物前，因為無任何物料可以進出，又可稱為封閉系統（closed system）。相對地，在連續程序中，系統仍有可能是容器，但因物料持續進出，故須稱為開放系統（open system）；即使在半批次程序中，物料只進不出或只出不進，也必須歸屬為開放系統。

確立了系統與邊界之後，任何對象的總量均衡皆可表達為：

$$累積 = 進料 - 出料 + 產生 - 消耗 \tag{1-1}$$

除了空間的基準外，上述各項還必須建立在相同的時間範圍內，此均衡方程式才能成立。若以生活中的例子來說明，等號左側可分別代表銀行帳戶中的存款、利息和餘額，等號右側則分別代表提款和管理費，但這五個項目都要取同一個月份內且在同一個帳戶中的數據才會達到均衡，月份和帳戶即為時間範圍和空間基準。

若時間範圍縮小成時刻，則可用以描述系統的瞬間變化，使均衡式轉換成速率式：

$$累積速率 = 進料速率 - 出料速率 + 產生速率 - 消耗速率 \tag{1-2}$$

由於各類速率皆具微分概念，所以均衡現象常會成為微分方程式。反之，若系統能在兩特定時間內逐步變化，則 (1-2) 式可對時間積分，回復成描述總量變化的 (1-1) 式。

程序進入穩態後，系統內的累積速率將成為 0，而且消耗速率可視為負的產生速率，因而得到簡化的速率均衡方程式：

$$進料速率 + 產生速率 = 出料速率 \tag{1-3}$$

在一段時間內，上式透過積分還可得到穩態的總量均衡方程式：

$$進料 + 產生 = 出料 \tag{1-4}$$

對於某些沒有產生速率的系統，上式又可再簡化：

$$進料 = 出料 \tag{1-5}$$

此式也被稱爲連續方程式，代表入口與出口等量變化，尤其當出入口之間距縮至無窮小時，又可解釋成變量維持連續。

均衡概念

（以銀行帳戶爲例）

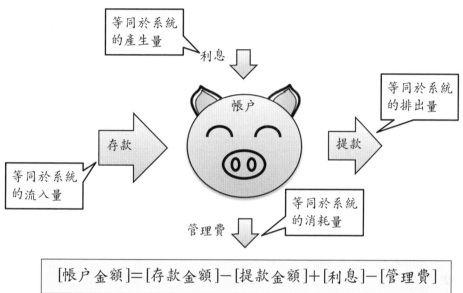

$$[帳戶金額] = [存款金額] - [提款金額] + [利息] - [管理費]$$

累積　　　　　流入　　　　　流出　　　　　產生　　　　　消耗

範例 1

25℃的水，以 2.0 m/s 的平均速度進入鍋爐中，產生 150℃, 150 kPa 的蒸汽，再以 10 m/s 的平均速度流出，並假設兩管線之流動均為紊流。已知排汽口的高度較入口高 10 m，試求在穩定態下外部需要提供若干熱量至此系統？

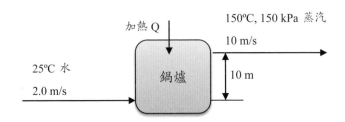

解答

定義入口為位置 1，出口為位置 2，基於質量均衡，兩處的質量流率相等，亦即 $\dot{m}_1 = \dot{m}_2 = \dot{m}$。在本例中無幫浦或渦輪，所以軸功 $\dot{W}_s = 0$，只需考慮動能、位能與內能的變化，以及熱量的輸送，故使能量均衡方程式成為：

$$H_2 - H_1 + \frac{1}{2}\left(\mathbf{v}_2^2 - \mathbf{v}_1^2\right) + g(z_2 - z_1) = Q$$

其中的 H 為單位質量流體的焓，$\mathbf{v}$ 為流速，z 為高度，Q 為單位質量流體的吸熱。出入口的單位質量流體之動能可表示為：

$$\frac{1}{2}\mathbf{v}_1^2 = \frac{1}{2}(2)^2 = 2 \text{ m}^2/\text{s}^2$$

$$\frac{1}{2}\mathbf{v}_2^2 = \frac{1}{2}(10)^2 = 50 \text{ m}^2/\text{s}^2$$

另已知出入口的高度差為 10 m，所以單位質量流體之位能差為：

$$g(z_2 - z_1) = (9.8)(10) = 98 \text{ m}^2/\text{s}^2$$

經由蒸汽表，可以查得 25℃的水具有 $H_1 = 104.89$ kJ/kg；150℃、150 kPa 的蒸汽則具有 $H_2 = 2772.6$ kJ/kg，所以出入口的焓差為：

$$H_2 - H_1 = (2772.6 - 104.89) = 2667.71 \text{ kJ/kg}$$

故由上述條件可計算出單位質量流體之吸熱為：

$$Q = H_2 - H_1 + \frac{1}{2}\left(\mathbf{v}_2^2 - \mathbf{v}_1^2\right) + g(z_2 - z_1)$$

$$= 2667.71 \times 1000 + (50 - 2) + 98 = 2667.9 \text{ kJ/kg}$$

從中可發現動能與重力位能的效應微小。

範例 2

85℃水貯存於非常大的水槽中，氣壓爲 1 atm。在穩定態下，水由泵以 10 kg/s 之流率抽出，所供給的功率爲 7.5 kW，之後經過一個固定 1400 kW 放熱速率操作的冷卻器，再排放至另一個開放的大水槽，排放管的高度在貯水槽的液面上方 20 m。試求流入第二個水槽時的水溫爲何？

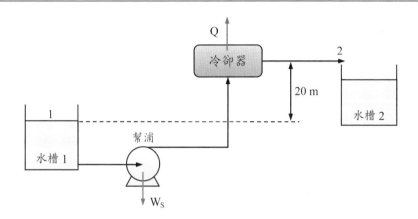

解答

定義第一水槽的液面爲位置 1，排放管的出口爲位置 2，系統爲位置 1 到位置 2 之間的流體。經由蒸汽表，可以查得 85℃水具有 $H_1 = 356$ kJ/kg。另已知出入位置的高度差爲 20 m，所以單位質量流體之位能差爲：

$$g(z_2 - z_1) = (9.8)(20) = 19.6 \text{ m}^2/\text{s}^2$$

在位置 1，因爲水槽夠大，液面下降的速率很慢，所以此處的流體動能可忽略；在位置 2，雖然流體具有速度，但其動能相對於重力位能與焓的變化仍非常小，因此也予以忽略。在此系統中，因爲安裝了冷卻器而使流體放熱，所以單位質量流體的放熱量爲：

$$Q = -\frac{1400 \text{ kW}}{10 \text{ kg/s}} = -140000 \text{ J/kg}$$

另還安置一台泵，提供能量給流體，所以單位質量流體的軸功爲：

$$\dot{W}_S = -\frac{7450 \text{ W}}{10 \text{ kg/s}} = -745 \text{ J/kg}$$

因此，系統的能量均衡方程式應表示爲：

$$Q + \dot{W}_S = H_2 - H_1 + g(z_2 - z_1)$$

由此可得到位置 2 的焓爲：

$$H_2 = Q + \dot{W}_S + H_1 - g(z_2 - z_1) = -140000 - 745 + 356000 - 19.6 = 215 \text{ kJ/kg}$$

再查詢蒸汽表，可得知此處的水溫爲 52℃。

1-3 輸送現象

操作物質與能量時必須注意哪些物理定律？

輸送現象是指動量、熱量與質量的轉移，因此分為動量輸送（momentum transfer）、熱量輸送（heat transfer）和質量輸送（mass transfer）三大部分。然而，這三種輸送往往不會單獨發生，而且還會互相影響。輸送現象的驅動力（driving force）來自於壓力差、溫度差或濃度差，但歸根究柢，這些現象皆來自於原子或分子的運動，只是在常見的系統中，原子或分子的數量過於龐大，它們的集體行為必須依靠模型來推估，無法直接加總所有原子的特性。因此，欲詳細理解輸送現象，首要工作是建立模型，形成方程式與限制條件，這些方程式與條件將會涉及微積分。

探討輸送現象，可分為三種層次。對一個肉眼可察的系統，原料會從某個入口送進反應器，之後再從某個出口排出，排出物包含特定產品和未消耗的原料。物質與能量可能從系統的管路進出、從裝置邊界穿越、在內部生成與消耗，產生成分含量、流體動量、系統能量之變化關係，因而建立出巨觀的均衡方程式（macroscopic balance equation）。這是一種不深究系統內部各處變化的觀察方法，僅探討系統的整體性轉變，故歸類為巨觀層次。

若欲探索局部變化，可將系統切割成小單元，且每一單元的體積要小到足以代表系統內的各處，而且各單元經過排列組合後，還能再回復成整體系統。雖然這種理想型的分割或回復很難實現，但就理論面而言，仍可約略地研究系統內部各處之變化。每個小單元也相當於一個整體，故仍可執行動量、角動量、能量和質量的均衡，得到微觀的均衡方程式（microscopic balance equation）。這類觀察方法，尚未觸及輸送現象的成因，僅探討系統的區域性變化，歸類為微觀層次。

欲探索輸送現象的成因，則必須研究小單元內的組成，從組成物的分子內結構和分子間作用來推論，深入理論物理學的層面。透過物理化學（physical chemistry）領域的知識，可以描述分子行為，從而說明輸送現象，這類觀察方法，觸及輸送現象的成因，歸類為分子層次。

上述三種層次的觀察結果環環相扣，分子層次的結果可以提供成分物性而輸入微觀層次，微觀層次的結果可以估計平均行為繼而強化巨觀層次。在應用面，雖然各層次環環相扣，但課題屬於工廠等級的程序設計與控制時，則以巨觀層次為主；若屬於裝置設計或製程改善，則以微觀層次為主；若屬於材料組成調整，則以分子層次為主。因此，工程師不僅需要理解巨觀層次，也應熟稔微觀與分子層次。

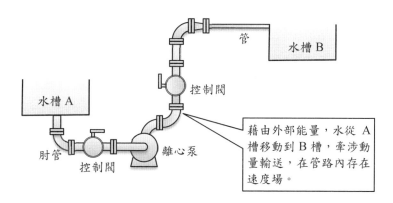

藉由外部能量，水從 A 槽移動到 B 槽，牽涉動量輸送，在管路內存在速度場。

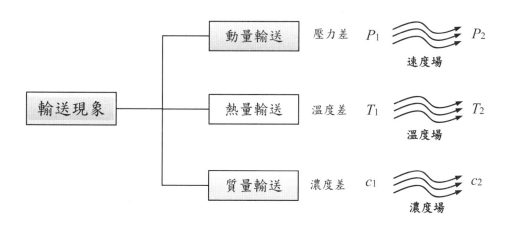

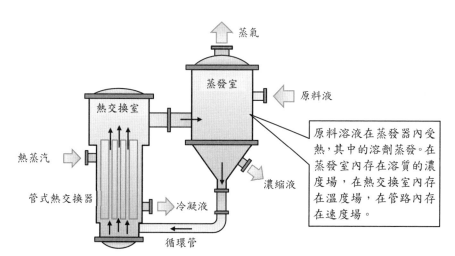

原料溶液在蒸發器內受熱，其中的溶劑蒸發。在蒸發室內存在溶質的濃度場，在熱交換室內存在溫度場，在管路內存在速度場。

1-4 成分與相

如何使用最少條件確定系統的狀態？

質量輸送的對象通常是混合物，因為在自然界中難得出現純物質，即使透過工業製造，僅能得到接近純物質的產品，其中必定包含少許雜質。因此，研究單元操作前，必須足夠精準地描述混合物的性質。混合物中包含的每一種純物質稱為成分（component），各成分之間雖會相互影響，但在穩定的環境中，經歷充足的時間後，各成分會趨於平衡狀態。有一些成分可以混合均勻，成為單一相（phase），例如水和乙醇；有一些成分卻不能完全混合，因而成為多相，例如油和水僅有部分互溶，靜置後將會出現富水相和富油相。多數液體在常溫下會揮發成氣體，例如水和乙醇皆會，所以在密閉容器中的水和乙醇混合物具有兩相，其一為液相，另一為氣相。

欲探討各成分混合後的變化，可使用自由能。當系統的自由能下降到最小值，此系統即進入平衡狀態。對於單元操作，常會出現氣液共存、固液共存等多相平衡狀態，例如蒸餾或結晶。對於這類平衡系統，成分的數量、相的數量將會相關於溫度、壓力、各成分的含量，J. Gibbs 在 1876 年曾提出相律（phase rule）來描述此關係。已知系統中的成分數為 C，相數為 P，決定系統狀態的變數具有的最小數目為 F，則根據相律，三者擁有下列關係：

$$F = C - P + 2 \tag{1-6}$$

其中的 F 又可稱為自由度（degree of freedom）。對於純水系統，只有單一成分，故 $C = 1$，若系統內只存在液態水，則 $P = 1$，因此從相律可得知自由度 $F = 2$，代表需要同時控制系統的溫度與壓力，才能確保系統中只有液態水。若希望得到氣液共存的平衡狀態，則 $P = 2$，從相律可發現自由度 $F = 1$，代表只需控制系統的溫度和壓力之一。再者，當系統中同時出現固、液、氣三態時，則 $P = 3$，從相律可得到自由度 $F = 0$，代表此系統無法調整，也代表此狀態只會出現在特定的溫度與壓力下，稱為三相點（triple point）。對水而言，三相點發生在 273.16 K、611.73 Pa，偏離此溫度或壓力將無法達到三相共存。

對於水和乙醇組成的系統，已知 $C = 2$，若系統中同時存在液相與氣相，則 $P = 2$，可計算出自由度 $F = 2$。由於影響此系統的參數可能包括溫度、壓力、液相中乙醇的分率、氣相中乙醇的分率等，所以 $F = 2$ 代表上述參數中擇二即可確立此系統的狀態，例如固定溫度為 300 K 且壓力為 1 atm，則液相中和氣相中的乙醇莫耳分率皆會達到特定值；反之當液相中乙醇的濃度為 10 wt% 且氣相中乙醇的莫耳分率為 0.1 時，系統的溫度和壓力也會趨於某特定值。

另須注意，當系統中的幾種成分會產生化學反應時，相律將會修正，才能預測平衡後的自由度。

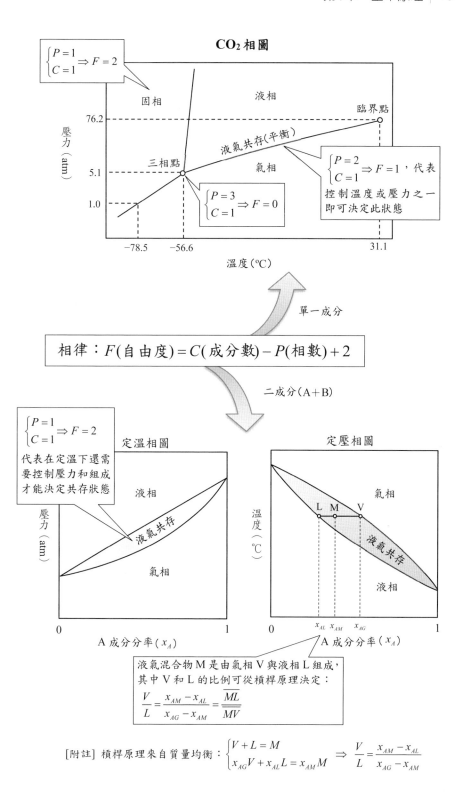

CO₂ 相圖

$\begin{cases} P=1 \\ C=1 \end{cases} \Rightarrow F=2$

固相　　　　液相

臨界點

壓力（atm）

76.2

液氣共存(平衡)

三相點

$\begin{cases} P=2 \\ C=1 \end{cases} \Rightarrow F=1$，代表控制溫度或壓力之一即可決定此狀態

5.1

氣相

$\begin{cases} P=3 \\ C=1 \end{cases} \Rightarrow F=0$

1.0

−78.5　−56.6　　　　　　　31.1

溫度(℃)

單一成分

相律：$F($自由度$)=C($成分數$)-P($相數$)+2$

二成分(A+B)

$\begin{cases} P=1 \\ C=1 \end{cases} \Rightarrow F=2$
代表在定溫下還需要控制壓力和組成才能決定共存狀態

定溫相圖

液相

壓力（atm）

液氣共存

氣相

0　　　　　　　　　1
A 成分分率(x_A)

定壓相圖

氣相

L M V

溫度（℃）

液氣共存

液相

0　　x_{AL} x_{AM}　x_{AG}　　1
A 成分分率(x_A)

液氣混合物 M 是由氣相 V 與液相 L 組成，其中 V 和 L 的比例可從槓桿原理決定：

$$\frac{V}{L} = \frac{x_{AM}-x_{AL}}{x_{AG}-x_{AM}} = \frac{\overline{ML}}{\overline{MV}}$$

[附註] 槓桿原理來自質量均衡：$\begin{cases} V+L=M \\ x_{AG}V+x_{AL}L=x_{AM}M \end{cases} \Rightarrow \frac{V}{L} = \frac{x_{AM}-x_{AL}}{x_{AG}-x_{AM}}$

1-5　單元操作

複雜的生產流程如何解構？

化學工廠中一系列的製造流程可以被拆解成小單元，除了反應器以外，其餘的組件皆被稱為單元操作。最簡易的單元操作可視為一項原料輸入，經操作後分成兩種產物輸出，這些操作可能會用到質量型或能量型分離劑（separating agent），以促進成分之分離。在各式各樣的生產流程中，只要採用相同的分離機制，皆可視為同一類單元操作，唯有各單元的規模可能不同，例如分離輻射性物質的規模可能只有 10^{-6} kg/h，處理煤炭的規模則可達 10^6 kg/h。

執行單元操作的過程牽涉兩類狀況，一為平衡程序，另一為動態程序，兩種原理差異很大，前者會涉及不同相之間的熱力學，後者會涵蓋異相之間或各相之內的輸送現象，但分析單元操作的機制時，兩類狀況皆須考慮。以形成兩相的系統為例，其中存在一種被操作的目標成分，比較此成分穿越兩相界面的時間和兩相達成平衡的時間，若達成相平衡的速率相對較快，則此操作受限於輸送程序；反之，若輸送速率相對較快，則此操作受限於相平衡程序。對應於平衡系統的參數包括成分的蒸氣壓、溶解度、親和力、相變化溫度等；對應於輸送系統的參數包括成分的擴散係數、離子遷移率、分子大小、分子形狀等。

在相平衡限制型單元操作中，各相間的熱力學關係決定了分離能力，例如萃取所用溶劑對目標成分的溶解度足夠高時，則可有效分離出目標成分。為了提高分離程度，有時會將多個單元操作裝置串聯，每一個裝置稱為單級，串聯後的系列稱為多級或串級（cascade）。例如分餾單元內，會形成氣液兩相，平衡後的氣相與液相組成不同，若目標成分具有較強的揮發能力，則可從氣相中設法取出此成分，反之則從液相取出。然而，一個單元內的氣液相組成可能差異不大，代表分離效果不佳，但串聯多個分餾單元，例如製成塔狀，塔內安裝多個平板，每個平板的功用如同一個分餾單元，仍可在塔頂收集到高純度的目標成分。

對於輸送限制型單元操作，通常會採用特定的驅動源來促使目標成分穿越兩相的界面，濃度差、溫度差、壓力差或外力都很常用。例如要從混合氣體中取出某項目標成分，可利用液體溶劑接觸此混合氣體，繼而將目標成分溶入液體中，稱為吸收程序；反之，若欲去除溶液中的某種較易揮發的成分，可利用氣體接觸此溶液，促進其揮發而移出溶液，稱為氣提程序。此外，若欲分離溶液中的特定成分，還可利用吸附劑、離子交換樹脂、薄膜等固體，藉由該成分對固體的作用力而達成分離。這些分離技術皆涉及目標成分的輸送現象，設計此類單元操作時，必須著重其輸送速率。

無論是輸送限制型或平衡限制型操作，都可能設計成多級程序，而且還要制定原料與分離劑的流動方向。簡易的流動分類包括共流式（cocurrent）與逆流式（countercurrent），兩種操作的效果具有明顯的差異。對於原料的流動，為了移除其中的目標成分，上游的成分含量必定高於下游，減少的部分則進入了分離劑中。由於分離劑能容納的目標成分有限，採取共流操作的程序可在原料入口處得到較大的分離

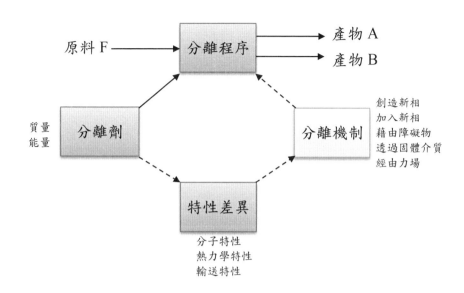

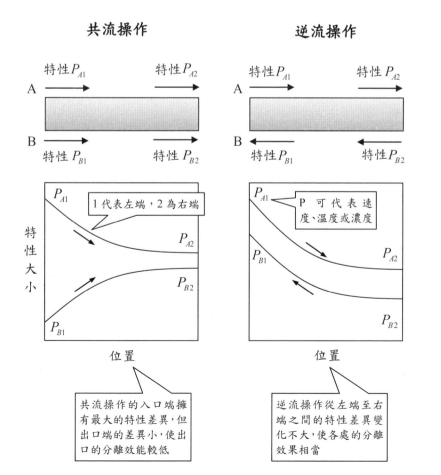

驅動力，出口處則明顯降低，但逆流操作在各級單元中的分離驅動力相差不大，可以穩定分離，進而降低驅動源過大時導致的原料損壞。

　　評估單元操作的效果時，有兩種指標需要格外留意，第一是產率（productivity or throughput），第二是選擇率（selectivity），前者代表此程序處理原料的快慢程度，後者則說明處理效果。單元操作進行時，已知入口的混合物原料具有流量 n_F，且含有莫耳分率為 x_F 的 A 成分，經過分離後，可得到 N 種分離產物，其中第 k 個產物的流量為 n_k，由穩定態下的質量均衡可知：

$$n_F = \sum_{k=1}^{N} n_k \tag{1-7}$$

若第 1 個產物是分離出 A 的主產物，所以 n_1 可代表產率，當主產物中含有莫耳分率為 x_1 的 A，則可定義此裝置分離出 A 的分離率 S_F（split fraction）為：

$$S_F = \frac{n_1 x_1}{n_F x_F} \tag{1-8}$$

在最簡單的單元操作中，原料只含有 A 與 B，經操作後被分開成兩種產物，第一個產物含有較多的 A，其中 A 和 B 的分率分別為 y_A 和 y_B；第二個產物含有較少的 A，其中 A 和 B 的分率分別為 x_A 和 x_B。為了探討 A 相對 B 的分離選擇率，可定義相對分離因子 $S_{A/B}$（split factor）：

$$S_{A/B} = \frac{y_A / x_A}{y_B / x_B} \tag{1-9}$$

若 $S_{A/B}$ 能大於 1，代表此程序可以有效分出 A。對於更多成分的原料，評估相對分離因子非常重要。理論上，分離因子可依據熱力學理論或輸送參數而估計出，但實際的操作中各成分會面臨彼此競爭與交互作用的衍生效應，因而偏離理論值。

　　有多種方法可從混合物中分離各成分，所用的技術主要取決於各方法中依賴的特性差異。當成分特性的差異較大時，會優先被採用，例如混合物中各成分的沸點差別大，升溫即可分離。但須注意，有一些方法會導致裝置損壞或原料變質，雖然有效但仍須排除，例如升溫有時會使原料分解。此外，經濟效益也是技術選擇的重要依據，例如製造新的相需要投入成本，當分離的規模很大時，透過製造新相來分離特定成分是否仍具效益，則需要再評估。最後，產品的純度也是重要指標，有一些低價或容易的方法只能達到有限的分離效果，無法滿足產品的目標規格。

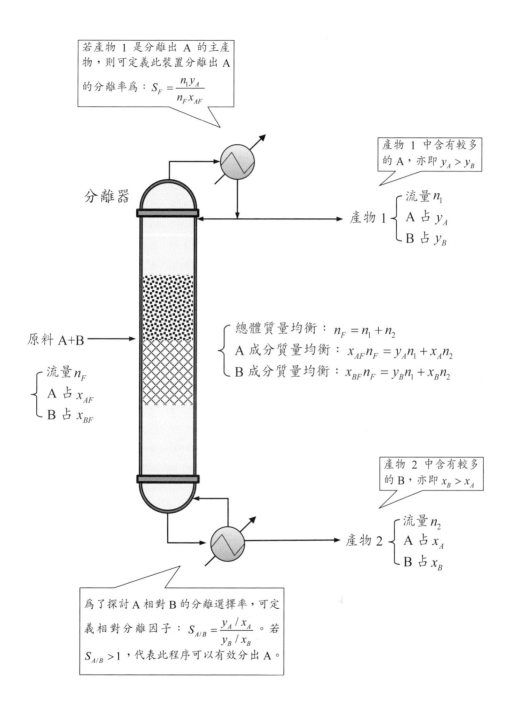

若產物 1 是分離出 A 的主產物，則可定義此裝置分離出 A 的分離率為：$S_F = \dfrac{n_1 y_A}{n_F x_{AF}}$

產物 1 中含有較多的 A，亦即 $y_A > y_B$

分離器

產物 1 $\begin{cases} 流量 n_1 \\ A \, 占 \, y_A \\ B \, 占 \, y_B \end{cases}$

原料 A+B

$\begin{cases} 流量 n_F \\ A \, 占 \, x_{AF} \\ B \, 占 \, x_{BF} \end{cases}$

$\begin{cases} 總體質量均衡：n_F = n_1 + n_2 \\ A 成分質量均衡：x_{AF} n_F = y_A n_1 + x_A n_2 \\ B 成分質量均衡：x_{BF} n_F = y_B n_1 + x_B n_2 \end{cases}$

產物 2 中含有較多的 B，亦即 $x_B > x_A$

產物 2 $\begin{cases} 流量 n_2 \\ A \, 占 \, x_A \\ B \, 占 \, x_B \end{cases}$

為了探討 A 相對 B 的分離選擇率，可定義相對分離因子：$S_{A/B} = \dfrac{y_A / x_A}{y_B / x_B}$。若 $S_{A/B} > 1$，代表此程序可以有效分出 A。

1-6 分離技術

單元操作中常使用哪些分離技術？

　　分離程序不只發生在自然界中，也會出現在生物體中，例如海水受到日照後，水分會蒸發而留下食鹽晶體，人體內的腎臟可以藉由薄膜過濾而從血液中分離出代謝物質。隨著科學的進展，研究者逐步開發出各式分離技術，例如從礦石中分離出金屬，從植物中取出色素。然而，各種民生需求增加後，工程師開始建構出大規模分離技術，例如使用分餾、萃取、結晶等方法從混合物中分離出特定化合物，以用於其他產品的製造。到了近代，隨著環保意識加強與循環經濟興起，從廢棄物中回收有價物質，或可飲用水、乾淨空氣與可耕種土壤，也大量運用分離技術。

　　在化學工廠中，單一程序的操作通常可分為批次式、連續式與半連續式，而程序中發生的變化可能牽涉化學重組，也可能單純地只出現物理變化。化學重組包含原子重新排列，或混合物的組成改變，前者如化學反應，後者如溶解或結晶等。物理變化則包括相分離、物質受熱與冷卻、流體調壓與變速、固體凝聚、減積與篩分等。無論原料經歷了化學重組或物理操作，最終產品仍為混合物，為了提升產物的純度或含量，有必要執行分離程序。

　　通常多種成分混合時可以自發性地進行，不需要額外提供能量，但將混合物分開成各種成分卻無法自然發生，必須從外界提供能量。分離混合物中的各成分時，若混合物可以形成多相，則有利於分離，若只維持單相，則較不易分離。當原料被分離成數種產物後，各產物可能呈現不同相，例如固相、液相或氣相。形成的兩相中，可以擁有同種成分，但成分含量通常不同，在某相中一種成分的比例較高，因而得到富含該成分的產物。然而，有些分離程序的效果不理想，還需要送入額外的裝置中繼續操作，才能得到富含該成分的產物。

　　總結有效的分離技術，可歸納成下列五大類型：
■創造新相
■加入新相
■藉由障礙物
■透過固體介質
■經由外加場

其中最常用的分離方法是創造新相，例如分餾技術可藉由混合物中各成分的揮發度差異，改變混合物原料的狀態，製造出液相與蒸氣相共存的系統，逐漸分開容易揮發與不易揮發的成分。加入新相的方法則是指混合物原料的狀態不改變，但卻強制接觸另一相的物質，使原料中的特定成分往加入的新相中移動，因而達到分離的效果。例如在液液萃取程序中，當原料液體接觸另一種溶劑時，若原料液中既有的溶劑不溶於外加的溶劑，代表僅有溶質可以移動到外加相中，故能達到分離效果。高分子材料構成的薄膜可作為分離程序所需的障礙物，使流體混合物中的特定成分易於穿透，其他成分則被阻擋在外，進而達到分離的效果。此外，多孔固體介質也可輔助分離，由於此

類材料具有高比表面積，當流體混合物經過時，特定成分的吸附效應較強，因而達到分離的效果。對於分離裝置的內部，若能形成速度場、溫度場或電磁場，則可產生驅動力，製造成份之間的輸送差異性，進而完成分離。

　　總結以上五類技術，目標成分可被分離的原因主要基於分子特性、熱力學特性與輸送特性，例如分子量、分子結構、分子極性、介電特性、帶電性之差異是常見的分子特性分離法的關鍵因素；蒸氣壓或溶解度之差異是常見的熱力學特性分離法的關鍵因素；擴散係數差異是常見的輸送特性分離法的關鍵因素。分離程序中一定會牽涉熱力學狀態的改變，也一定會出現質量輸送，有時還會伴隨熱量輸送與動量輸送，因此分離技術密切地相關於物理化學、熱力學和輸送現象。

✚ 知識補充站

　　在分離技術中，熱力學的角色至關重要，因為操作中必定牽涉能量狀態或平衡狀態的變化，例如分餾原油是一種能源密集性工業，藉由熱力學才可以了解分離程序中的能量消耗。描述熱力學的方程式中，常包含比容、焓（enthalpy）、熵（entropy）、逸度（fugacity）、活性（activity）等物理量，而且它們會表達成溫度、壓力和組成的函數。

　　對於穩定態下的連續流動式單元操作，可能包含至少一種原料和數種產物，根據熱力學第一定律，所有流入系統的能量和將會等於流出系統的能量和。若系統有吸熱現象，吸收的熱能可視為流入系統的能量之一；若系統可對外作功而推動渦輪等旋轉機械裝置，則此軸功（shaft work）可視為流出系統的能量之一。然而，熱力學第一定律無法說明能量使用的效率，必須仰賴熱力學第二定律，計算熵的增加。一個不可逆程序的熵會逐漸增大，可逆程序的熵才能維持固定。當系統內的熱與軸功轉換時，軸功可以全部轉成熱，但熱卻不能全部轉成軸功，存在一個最高轉換效率。

　　許多分離技術取決於目標成分在多相之間的分布，使用Gibbs自由能可以描述此種分布情形。對於多成分系統，每一相的總自由能是由溫度、壓力與各成分的含量決定，達到平衡時，總自由能會趨近一個極小值。計算自由能時，會使用各成分處於各相的化學勢（chemical potential），若分離系統內不涉及化學反應，藉由各成分的質量均衡，可以推得特定成分在各相的化學勢相等。特定成分在兩相中的分布情形，可藉由兩相中的含量比例來表達，此比值稱為分配係數，會頻繁應用於分離技術中。

　　由於分離系統中通常含有流體，所以在設計程序時，還需要了解流體內各種熱力學特性間的關聯，例如溫度、壓力與比容間的關係稱為狀態方程式。若能假設各成分的分子結構相當，或分子間的作用微弱，則可簡化狀態方程式成為理想模型，例如理想溶液和理想氣體。初步設計程序時，常會假想原料或產物符合理想模型，前述的分配係數即可藉由理想模型迅速求得。然而，欲得到接近真實狀態的結果，則需要考慮許多修正項，例如van der Waals方程式等，甚至採用圖示法呈現各種熱力學性質的變化，以供研發使用。

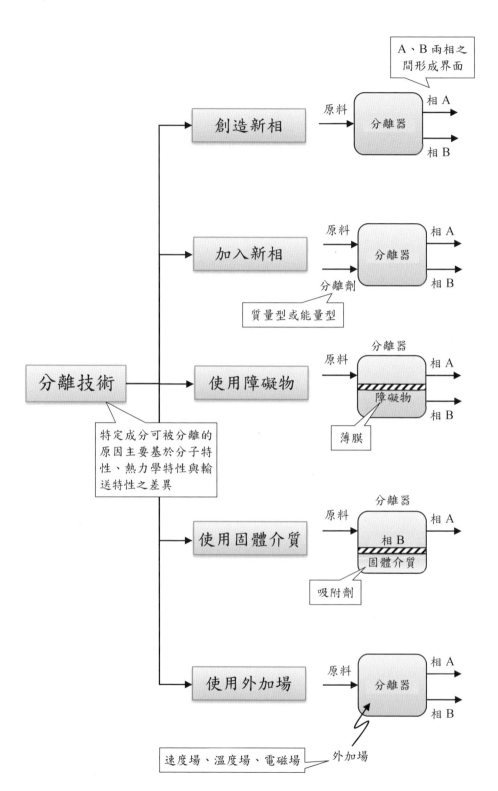

範例

使用精餾塔分離丙烯與丙烷時,原料、塔頂產物、塔底產物的焓與熵列於下表中,流量示於圖中。此精餾塔設有冷凝器和再沸器,前者使用 303 K 的冷凝水,後者使用 378 K 的熱蒸汽,環境的溫度為 300 K,試從這些訊息計算出冷凝器和再沸器的功率,以及此精餾塔的熱力學效率。

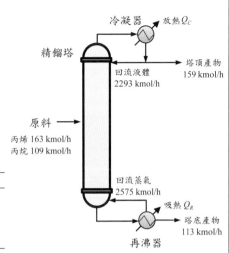

物流	焓 (kJ/kmol)	熵 (kJ/kmol·K)
原料	13338	−4.17
塔頂蒸氣	24400	24.26
塔頂產物	12243	−13.81
塔底產物	14687	−2.39

解答

對於冷凝器,流入的蒸氣具有焓 H_V,流出的溶液具有焓 h_D,總流量為回流加上塔頂產物,共計 n_V。因此冷凝器的功率 Q_C 應為:

$$Q_C = n_V(H_V - h_D) = (2293 + 159)(24400 - 12243) = 2.981 \times 10^7 \text{ kJ/h}$$

根據能量均衡,所有進入系統的能量將等於所有離開的能量,假設再沸器的功率為 Q_R,則 $Q_R + n_F h_F = n_D h_D + n_B h_B + Q_C$,其中 n_F、n_D、n_B 分別為原料、塔頂產物、塔底產物的流量,h_F 和 h_B 分別為原料和塔底產物的焓。由此可得:

$$Q_R = n_D h_D + n_B h_B + Q_C - n_F h_F$$
$$= (159)(12243) + (113)(14687) + 2.98 \times 10^7 - (272)(13338)$$
$$= 2.979 \times 10^7 \text{ kJ/h}$$

另可計算精餾程序增加的熵為:

$$\Delta S = n_D S_D + n_B S_B + \frac{Q_C}{T_C} - n_F S_F - \frac{Q_R}{T_R}$$

$$= (159)(-13.81) + (113)(-2.39) + \frac{2.981 \times 10^7}{303} - (272)(-4.17) - \frac{2.979 \times 10^7}{378}$$

$$= 18240 \text{ kJ/h} \cdot \text{K}$$

此精餾塔進行分離時所需的最小功可使用自由能的變化來計算:

$$W_{\min} = \Delta H - T_S \Delta S$$
$$= (n_D h_D + n_B h_B - n_F h_F) - T_S(n_D S_D + n_B S_B - n_F S_F)$$
$$= (Q_R - Q_C) - T_S(n_D S_D + n_B S_B - n_F S_F)$$
$$= 3.78 \times 10^5 \text{ kJ/h}$$

其中環境溫度 $T_S = 300$ K。因此,熱力學效率為:

$$\eta = \frac{W_{\min}}{Q_C(1 - \frac{T_S}{T_C}) - Q_R(1 - \frac{T_S}{T_R})} = 6.46\%$$

1-7 規模放大與縮小

實驗室技術如何轉移至工廠？

實驗室開發的技術要移轉至工廠量產時，必定涉及裝置的尺寸變更，且其特性必須維持，因而需要規模放大的理論來輔助工業設計，適宜的數學模型與實驗測試皆有助於放大規模。

設計單元程序的第一步是確認目標，再列出流程表，從中說明原料準備、產品收集、裝置設計與所需能量，並輔以質能均衡與經濟效益之評估。接著即可進入實驗室測試，以取得初步驗證，但須注意，實驗室的規模必定小於量產廠，因為評估階段通常希望快速且節約，所以小規模測試是程序設計中的必備步驟。除了投入小規模的實驗，借助電腦科技的進展，大型裝置的數學模型也可同時建立，兩者共同評估，也能達到節省成本的目標。然而，執行尺寸放大後，原先構思的裝置及其特性可能會大幅改變，所以要分階段進行，例如先設計中等規模的試量產裝置，並實測分析，修正後再投入大尺寸的量產裝置。採取逐步放大的過程中，除了觀察裝置特性的變化，也必須注意其他設備的相容性。

建立數學模型是放大規模的重要步驟，因為此法可以減少衍生的錯誤。常用的數學模型可分為兩類，第一類來自因次分析法（dimensional analysis），尋找重要物理量之間具有的某種複雜關聯；第二類取自直接數值模擬法（direct numerical simulation），求解裝置內的質量、動量與能量均衡方程式，以得到速度、濃度、溫度之分布情形。因次分析法是化學工程中廣泛使用的技巧，首先要找出程序中所有相關的物理量，再藉由物理量之間的組合，歸納出幾項重要的無因次數（dimensional number），例如雷諾數（Reynolds number, Re）是流體力學中最常見的無因次數。之後再從實驗數據確立這些無因次數之間的關聯式，藉以描述裝置內的行為。另一方面，直接數值模擬法則是從質量、動量與能量均衡的理論著手，並搭配化學反應動力學或熱力學定律，即可建立微分方程式與代數方程式的組合，由於現今的電腦科技已經發展成熟，這些複雜的方程組皆可使用數值方法求解。對於操作裝置的細節變化，從直接數值模擬法得到的結果會比無因次數的關聯式更精確，且適用性更高。

建立圓管中的流動模型

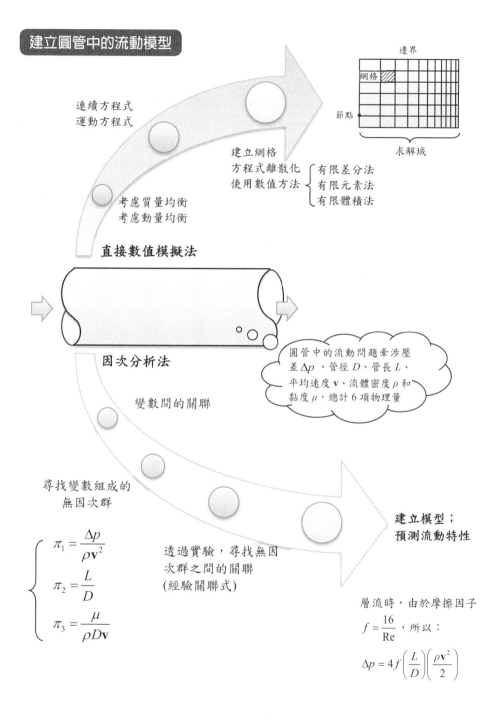

連續方程式
運動方程式

建立網格
方程式離散化 ⎰ 有限差分法
使用數值方法 ⎱ 有限元素法
　　　　　　　 有限體積法

考慮質量均衡
考慮動量均衡

直接數值模擬法

因次分析法

變數間的關聯

尋找變數組成的
無因次群

圓管中的流動問題牽涉壓
差 Δp、管徑 D、管長 L、
平均速度 $\mathbf{v}$、流體密度 ρ 和
黏度 μ，總計 6 項物理量

$$\begin{cases} \pi_1 = \dfrac{\Delta p}{\rho \mathbf{v}^2} \\[2mm] \pi_2 = \dfrac{L}{D} \\[2mm] \pi_3 = \dfrac{\mu}{\rho D \mathbf{v}} \end{cases}$$

透過實驗，尋找無因
次群之間的關聯
(經驗關聯式)

**建立模型；
預測流動特性**

層流時，由於摩擦因子
$f = \dfrac{16}{\mathrm{Re}}$，所以：

$$\Delta p = 4f\left(\frac{L}{D}\right)\left(\frac{\rho \mathbf{v}^2}{2}\right)$$

（圖中右上：邊界、網格、節點、求解域）

　　此外，在 1970 年代後期，微米級的電子元件被開發成微機電系統（micro-electro-mechanical system，以下簡稱 MEMS），之中結合了光電、機械、化學與生醫工程，可發展成多樣性的微型產品。當 MEMS 技術被應用於化學工程領域時，包括樣品前處理、混合、傳輸、分離和感測等單元，皆可整合在微型晶片上，以微流道（microfluidics）和微反應器（microreactor）呈現，相當於整個實驗流程都微縮在小面積的基片上，因此被稱爲實驗室晶片（lab-on-chip）。處理 1 μm 到 1000 μm 通道內的流動現象，即稱爲微流體技術（microfluidics），而且微通道內處理的液體體積可少至微升（10^{-6} L）或皮升（10^{-12} L），流場易受控制且具再現性，流線之間的質傳僅限於分子擴散，這些特性皆有利於化學分析，甚至還可促進產品分離。然而，微通道內的流動現象不能只從縮小尺寸的觀點來探究，因爲大小通道的流動差異主要取決於流體的表面積對體積之比值（A/V）。從力學的角度，體積影響整體力與慣性力，表面積則影響表面力，當 A/V 不低時，微流體的界面特性相對重要。在熱傳與質傳方面，較大的 A/V 代表穿越界面的輸送效應亦較大，所以適合發展微熱交換器與微反應器。

　　微流體的輸送必須取決於受力情形，在微通道內的流動，不易達到紊流狀態，故以層流爲主，但因邊界層的厚度非常薄，不平坦的通道壁容易導致二次流動而改變層流狀態，所以許多研究者認爲微流體的層流臨界雷諾數（Re）應該小於大通道。由於層流的流場可較準確地預測，有助於了解伴隨的熱傳與質傳現象，以混合程序爲例，在水中典型的擴散係數數量級爲 1×10^{-10} m^2/s，若流體在 100 μm 寬的微通道內以 0.1 cm/s 運動，大約經過 100 s 即可達到良好的混合效果。若欲縮短混合時間，可加入製造紊流或渦流的設計，例如製作 T 型或 Y 型流道，使支流液體與主流液體相互衝擊，繼而提升混合效果。

第2章
混合與分散操作

本章先說明流體混合物的操作技術，從巨觀混合至微觀混合，也包含流體與固體的接觸處理。

2-1 巨觀混合

如何使各種成分均勻分布？

在製造程序中，常會混合多種固態或液態成分，期望形成均勻分布的物料。為了區分不同原料的混合，當不同固體混合時，稱爲摻合（blending），例如奶粉與咖啡粉的混合；當黏稠性固體與少量液體混合時，稱爲捏合（kneading），例如麵團與水的混合；當低黏性液體混合時，或液體與少量固體混合時，稱爲攪合（agitation），前者如酒精加入水，後者如食鹽加入水。

欲得到均勻的物料，常使用具有轉軸的攪拌裝置，製造各成分的運動，達到均勻分散的效果。不同相的兩種原料經過混合後，有可能融合成單一相，或仍維持兩相，藉由攪拌裝置皆可進行。例如食鹽和水透過攪拌機混合後，可使容器內的各處具有相同的鹽濃度；通入水中的氣泡經過攪拌機作用後，可以分散成更微小的氣泡，大致均勻地分布在水中。攪拌裝置需要動力，代表外加的能量會轉移到混合系統中，這些能量可以加速推進某些程序，例如日常生活中常見的湯匙攪拌紅茶，能使茶中的糖粒更快速地溶解。若無攪拌程序，糖的溶解與均勻分散只能慢速進行。用於固體與流體混合的典型裝置是攪拌槽（agitation tank），除了混合，亦可應用於散熱或化學反應，構成連續攪拌槽反應器（continuous stirred-tank reactor，簡稱 CSTR）。

攪拌槽除了容器之外，還需要一根連接電動馬達的轉軸（shaft）與固定在轉軸上的攪拌葉（propeller）、攪拌槳（paddle）或渦輪（turbine），有時也可沿著轉軸製成螺帶（helical ribbon），以擴大攪拌範圍。當攪拌器伸入裝有液體的桶槽後，可利用外部能量促使液體流動，但轉軸不一定要對準桶槽的軸線，須視攪拌的目標而定。程序中需要攪拌的原因包括不同液體的混合、固體微粒之溶解或懸浮、氣體之分散、不互溶液體之乳化、熱傳速率增大，以及質傳速率提升。攪拌葉會使液體產生軸向流（axis flow）、徑向流（radial flow）與渦向流（azimuthal flow），從桶槽的垂直剖面觀察，軸向流是指流體上下運動，徑向流是在軸心與側壁間的來回運動，渦向流則是指流體繞行垂直軸之轉動，這三種流動分別對應了圓柱座標中 z、r、θ 方向。掌握這三種流動即可控制混合效果，當攪拌葉或攪拌槳的轉速足夠快時，液體將出現紊流，可使不同成分快速混合，但轉速不快時，只會出現層流，混合效果可能不佳。例如攪拌槽內的主要流動在渦向，液體只會圍繞中心環流，內側與外側的成分難以交換，混合效果具有瓶頸。

攪拌槽

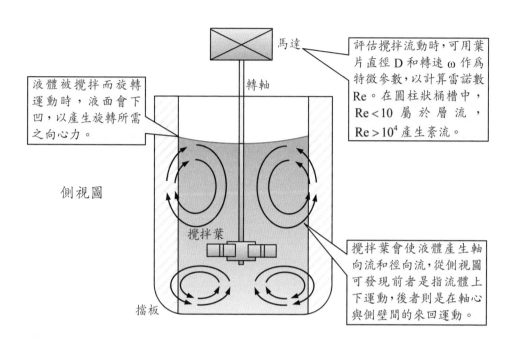

馬達

轉軸

液體被攪拌而旋轉運動時，液面會下凹，以產生旋轉所需之向心力。

評估攪拌流動時，可用葉片直徑 D 和轉速 ω 作為特徵參數，以計算雷諾數 Re。在圓柱狀桶槽中，$Re < 10$ 屬於層流，$Re > 10^4$ 產生紊流。

側視圖

攪拌葉

擋板

攪拌葉會使液體產生軸向流和徑向流，從側視圖可發現前者是指流體上下運動，後者則是在軸心與側壁間的來回運動。

擋板

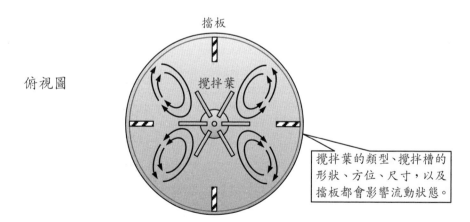

俯視圖

攪拌葉

攪拌葉的類型、攪拌槽的形狀、方位、尺寸，以及擋板都會影響流動狀態。

　　爲了控制流動型態，除了調整轉速之外，還可改變攪拌器的形狀，例如三片式螺旋葉可促使液體沿著螺旋路徑運動，避免發生水平渦向流；傾斜式攪拌槳除了製造徑向流與渦向流，也會產生軸向流，提升混合效果。對於較黏稠的物料，還可以使用錨式攪拌槳，增加葉片旋轉時掃過的面積。若改變葉片形狀的效果仍然有限，還可以調整轉軸的位置與角度，例如傾斜轉軸或向器壁平移轉軸，皆能製造不對稱性流態，增加混合效果；甚至安裝水平轉軸也可製造不對稱流動。此外，在攪拌槽的器壁加裝擋板（baffle），可改變器壁附近的流向，製造額外的混合。被攪拌的流體將形成漩渦狀的自由液面（free surface），因爲液面的流體需要向心力，因而呈現下凹的表面，理想情形趨近於拋物面，且中心深度會隨轉速增加而降低，當此深度接近攪拌葉的位置時，氣體會被捲入溶液中，可藉以增進混合效果；有時則會刻意安裝通氣管，藉由氣體提升攪拌效果。

　　已知攪拌葉的類型會影響流態，攪拌槽的形狀、方位、尺寸與組件（例如擋板）亦會改變流動。爲了評估流體的運動，可採用葉片直徑 D 和葉片邊緣速度作爲特徵參數，並類比於管流，以雷諾數 Re 作爲指標。由於攪拌葉的運動型態是旋轉，轉速 ω 是控制變因，所以特徵速度可表示爲 $D\omega$，使雷諾數 Re 成爲：

$$\mathrm{Re} = \frac{\rho \omega D^2}{\mu} \tag{2-1}$$

　　在圓柱狀桶槽中，Re < 10 屬於層流，Re > 10^4 則產生紊流。隨著 Re 增加，流體越過葉片後還可能出現邊界層剝離的現象，產生尾流（wake）與 Karman 漩渦。此外，流體的黏度與攪拌效果十分相關，黏度高於 50 Pa・s 時，流動效果很差，黏度過低時，混合效果不佳，所以常會於槽壁加裝擋板，以打亂流線促進混合。

　　攪拌葉所需功率 P 可從流體撞擊葉片時的拖曳力來計算，透過因次分析可知，包含 P 的無因次數 N_P（power number）是 Re 和 Fr（Froude number）的函數。其中，

$$N_P = \frac{P}{\rho \omega^3 D^5} \, , \; \mathrm{Fr} = \frac{D\omega^2}{g} \, 。$$

範例

如圖，有一個攪拌槽中安裝了平面六葉渦輪攪拌葉，已知此水槽的直徑 D_T 為 2.0 m，渦輪直徑 D 為 0.6 m，葉片寬度 W 為 0.12 m。操作時渦輪維持轉速 120 rpm，槽中液體的深度 H 為 2.0 m，液體的密度為 900 kg/m³，黏度為 10 cp，試求攪拌器所需之功率。若攪拌後，液體黏度增大 10000 倍，維持相同轉速所需之功率將增大成幾倍？

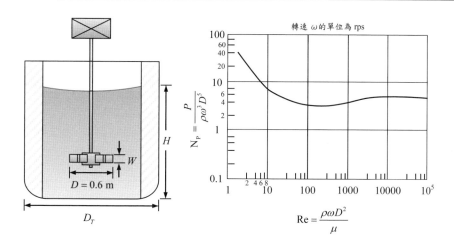

解答

由已知條件可先計算出雷諾數：

$$Re = \frac{\rho \omega D^2}{\mu} = \frac{(900)(120/60)(0.6^2)}{0.01} = 64800$$

藉由本例附圖中的攪拌特性曲線，可查出 Re = 64800 時，$N_P = 6$。因此可得到攪拌器所需之功率：

$$P = \rho \omega^3 D^5 N_P = (900)(\frac{120}{60})^3(0.6)^5(6) = 3359 \text{ W}$$

當黏度增大到 100000 cp 時，Re = 6.48，可藉由曲線查出，$N_P = 9$。攪拌器所需功率 P 正比於 N_P，因此增大為原有的 1.5 倍。

2-2 微觀混合

如何使微流道內的各成分均勻分布？

混合程序可分成利用機械裝置製造流體移動而導致的巨觀混合，以及不同成分在分子尺度接觸的微觀混合。巨觀攪拌可達成的目標包括均勻混合兩種可互溶的液體、混合兩種不互溶的液體而成微乳化液、使固體均勻懸浮於液體中、使液體產生對流而輔助熱傳。欲達成這些目標，攪拌裝置必須帶動液體產生剪應力、循環流動與速度脈動。剪應力可使液體破碎，分散成微團，再藉由不同種液體微團的邊界接觸，加速各種分子的質傳速率，因為微團塊間的界面面積多於大團塊。然而，在攪拌槽內的剪應力並非定值，必須藉由循環流才能推動液體進入高剪應力區。另在紊流操作下，液體微團的速度具有波動性，此速度波動伴隨的質傳與熱傳速率高於隨機熱運動效應，故有利於混合。紊流下的動能耗散率可用以估計混合程度，以及分散相的尺寸。

對於兩種氣體或互溶的兩種液體，可達到微觀混合的程度。但欲混合兩種不互溶的流體，則需要對流與擴散作用，並操作在紊流狀態下，將其中一種成分打散成氣泡或液滴，懸浮在另一種成分中，才能達到微觀混合，這些懸浮物稱為分散相，被打散的成分則稱為連續相。

近年由於微機電技術的進展，開始使用微流道。在微流道中，因為流道的關鍵尺寸僅有微米等級，所以流體的雷諾數很小，屬於層流狀態。以水為例，其密度為 1 g/cm^3，黏度為 1g/cm・s，當微流道的特徵長度為 0.1cm，且流體的特徵速度為 1cm/s 時，可得到雷諾數為 0.1，預期形成層流。然而，流體進入小尺寸的流動空間後，所承受的表面力（surface force）將會增大，當流道尺寸縮小到某個臨界值，表面力將會超越體積力（body force），難以利用體積力進行攪拌，因而不易混合均勻。

為了在微流道中完成有效混合，可在流道中安置被動式或主動式微混合器。透過流道設計來提升兩種流體的接觸面積，屬於被動式微混合法，例如在流體 A 和 B 進入流道時，先被分割成兩個更細小的入口，即可促進入口區的流體接觸；除了分割入口外，也可縮小流道入口的截面積，提升每個分支的流速，繼而促進混合效果。有一種微流道被設計成兩種液體入口正向相對，輸入後互相衝擊，再往側邊流出；另有一種微流道被安置了障礙物，製造流體的繞行路徑，進而產生二次流動（secondary flow），有效促進混合。然而，對於 Re 非常小的情況，被動式混合的效果不彰，需要採用主動式混合法。主動式混合需在流道中加入運動元件，再藉由外部能量來驅動流體，可用的外部能量來自於電場、磁場或超音波。例如微流道的側壁可加裝電極，再施加電壓，即可產生電滲透現象，增加流體的對流作用，進而提升混合效果。

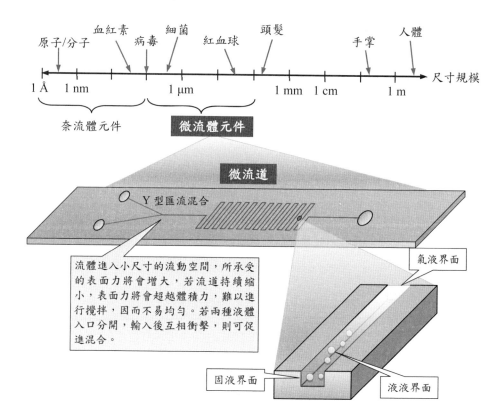

流體進入小尺寸的流動空間,所承受
的表面力將會增大,若流道持續縮
小,表面力將會超越體積力,難以進
行攪拌,因而不易均勻。若兩種液體
入口分開,輸入後互相衝擊,則可促
進混合。

2-3 固體填充床

流道上的固體如何阻礙流體運動？

在工業應用中，常採用固體顆粒組成填充床（packed bed），由於固體顆粒無法充滿容器，流體進入後，將從顆粒間隙通過，但行進時會衝擊固體顆粒，所施加的力量包含表面拖曳力（skin drag）與形狀拖曳力（form drag）。前者是指固體的表面與流體摩擦，因流體具有黏性，使接近固體表面的流速降低；後者則來自流體的運動方向不一定平行於固體表面，所以當固體的形狀特殊時，部分區域將會正面迎接流體，繼而導致流體轉向繞過，並造成流體動能損失。

使用填充床之目的在於增加兩種流體相的接觸，例如填充床的上方可注入液體，下方可通入氣體，當液體沿著固體顆粒的表面向下流，氣體會從液膜旁通過而接觸，有兩種指標可用來評估接觸特性，一為流體通過的空間，另一為固體顆粒的表面積。為了估計流體通過的空間，定義孔隙體積占全容器體積之比例為孔隙度 ε（porosity），以便計算可通過體積；另為估計顆粒的表面積，再定義單一顆粒的表面積對本身體積之比例為比表面積 a（specific surface area），以便計算總表面積。

當填充顆粒為直徑 d_p 的圓球時，可計算出比表面積 a：

$$a = \frac{\pi d_p^2}{\frac{1}{6}\pi d_p^3} = \frac{6}{d_p} \tag{2-2}$$

因此，填充床中的固液接觸總比表面積 a_T 為：

$$a_T = a(1-\varepsilon) = \frac{6(1-\varepsilon)}{d_p} \tag{2-3}$$

操作填充床時，因為無法詳細地描述所有空隙形成的流道，故可想像容器體積中有比例為 ε 的空間形成一條直線通道，其餘比例 $(1-\varepsilon)$ 的空間形成管壁。在流量維持相同的條件下，根據連續方程式，流體通過直線通道的速度 $\mathbf{v}$ 將快於無填充顆粒的空床速度 $\mathbf{v}_0$，又因速度反比於管道的截面積，故可得：

$$\mathbf{v} = \frac{\mathbf{v}_0}{\varepsilon} \tag{2-4}$$

空隙組成的通道類比成圓管時，假設擁有等效直徑 d_{eq}，其定義為 4 倍通道截面積 A_c 對通道周長 p 之比值。當空隙的體積為 V，高度為 L，則此直徑 d_{eq} 可表示為：

$$d_{eq} = 4\frac{A_c}{p} = 4\frac{A_c L}{pL} = 4\frac{\varepsilon V}{pL} = \frac{4\varepsilon}{a_T} = \frac{2\varepsilon}{3(1-\varepsilon)}d_p \tag{2-5}$$

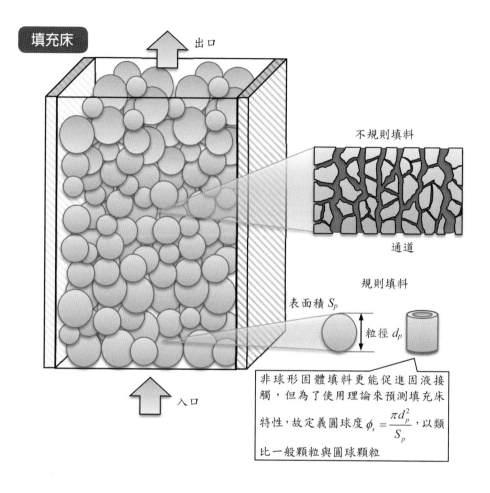

填充床

出口

不規則填料

通道

規則填料

表面積 S_p

粒徑 d_p

非球形固體填料更能促進固液接觸，但為了使用理論來預測填充床特性，故定義圓球度 $\phi_s = \dfrac{\pi d_p^2}{S_p}$，以類比一般顆粒與圓球顆粒

入口

固體顆粒旁的流體運動

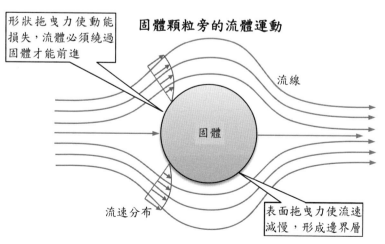

形狀拖曳力使動能損失，流體必須繞過固體才能前進

流線

固體

流速分布

表面拖曳力使流速減慢，形成邊界層

為了推論空隙內的流動狀態，可再計算 Re：

$$\text{Re} = \frac{\rho d_{eq}\mathbf{v}}{\mu} = \frac{2}{3(1-\varepsilon)}\frac{\rho d_p\mathbf{v}_0}{\mu} = \frac{2}{3(1-\varepsilon)}\text{Re}_p \tag{2-6}$$

其中 ρ 與 μ 分別為流體的密度與黏度，Re_p 為空床速度流經球形顆粒的雷諾數。當填充床內發生層流時，其摩擦因子 $f = 16/\text{Re}$，故可估計填充床兩端所需施加的壓差 Δp：

$$\Delta p = 4f\left(\frac{L}{d_{eq}}\right)\left(\frac{\rho\mathbf{v}^2}{2}\right) = \frac{72(1-\varepsilon)^2\,\mu L\mathbf{v}_0}{\varepsilon^3 d_p^2} \tag{2-7}$$

若發生紊流，也可透過摩擦因子 f 算出壓差 Δp：

$$\Delta p = 4f\left(\frac{L}{d_{eq}}\right)\left(\frac{\rho\mathbf{v}^2}{2}\right) = \frac{3f(1-\varepsilon)\rho\mathbf{v}_0^2 L}{\varepsilon^3 d_p} \tag{2-8}$$

然而，用於填充床的固體顆粒並非球形，因為其他形狀更能促進固液接觸。但為了繼續使用上述理論來預測填充床的特性，故定義圓球度 ϕ_s（sphericity）來類比一般顆粒與圓球顆粒：

$$\phi_s = \frac{\pi d_p^2}{S_p} \tag{2-9}$$

其中的 S_p 代表一般顆粒的實際表面積，d_p 是擁有相同體積的圓球顆粒之直徑。因此，一般顆粒的比表面積 a 可表示為：

$$a = \frac{S_p}{\frac{1}{6}\pi d_p^3} = \frac{6}{\phi_s d_p} \tag{2-10}$$

換言之，一般顆粒的等效直徑 $d_{eq} = \phi_s d_p$，所以前述的壓差 Δp 皆可透過 d_{eq}、ϕ_s、d_p 估計出。另需注意，(2-7) 式與 (2-8) 式大致可以表達壓差與相關物理量的正比或反比關係，但對實際的填充床，孔隙內的流動更複雜，所以有學者提出多種修正模型。

範例

一個圓柱形填充床中的填料為球形，其直徑為 6.0 mm，比重為 2.5，填料總重為 2500 kg。床體的直徑為 1.0 m，高度為 2.0 m。常溫的水以 0.5 kg/s 之流量通過填充床，試計算填料的比表面積，並估計此填充床的孔隙度與床中的壓降。

解答

1. 由於填料為球形，直徑 d_p 為 6.0 mm，比表面積為：$a = \dfrac{6}{d_p} = \dfrac{6}{0.006} = 1000 \text{ m}^{-1}$。

2. 此外，填料的總體積為：$V_p = \dfrac{m_p}{\rho_p} = \dfrac{2500}{2500} = 1 \text{ m}^3$。填充床的外部體積為

$V_B = \dfrac{\pi d^2}{4} h = \dfrac{\pi (1)^2}{4}(2) = 1.57 \text{ m}^3$。因此，床中的孔隙度為：$\varepsilon = 1 - \dfrac{1}{1.57} = 0.363$。

3. 空隙內的流動狀態可由 $\text{Re} = \dfrac{2}{3(1-\varepsilon)} \dfrac{\rho d_p \mathbf{v}_0}{\mu}$ 判斷，其中的 $\mathbf{v}_0$ 為無填充顆粒的空床速度：

$\mathbf{v}_0 = \dfrac{\dot{m}}{V_B} = \dfrac{0.5}{1.57} = 0.318 \text{ m/s}$，因此，$\text{Re} = \dfrac{2}{3(1-0.363)} \dfrac{(1000)(0.006)(0.318)}{(0.001)} = 1997$。

4. 假設填充床內進行層流，可估計填充床兩端所需施加的壓差Δp：

$\Delta p = \dfrac{72(1-\varepsilon)^2 \mu L \mathbf{v}_0}{\varepsilon^3 d_p^2} = \dfrac{72(1-0.363)^2 (0.001)(2)(0.318)}{(0.363)^3 (0.006)^2} = 1.08 \times 10^4 \text{ Pa}$。

2-4　流體化床

填充床固體承受流體的衝擊過大時將會如何？

在工業應用中，採用固體顆粒組成的填充床，在操作時可以不斷加大流體的速度，衝擊固體顆粒，使之脫離原始位置，並擴大空隙區域的體積。若流速不大時，床層內的固體顆粒將會維持靜止，此類裝置稱為固定床（fixed bed）；若速度提升後，固體顆粒開始運動，但顆粒之間沒有相對運動，僅沿著容器整體性地前進，此類裝置稱為流動床（moving bed）；若固體顆粒之運動方向雜亂，互相撞擊且散開，使所有顆粒隨著流體移動，此類裝置稱為流體化床（fludized bed）。由於這些固體顆粒可以作為熱傳媒介、反應物、電極或觸媒，故可應用至廢水處理、吸附操作、金屬回收或燃燒處理。

流體自下方注入靜止床，並逐漸加壓提升流速，最終可形成流體化床。從靜止床恰要轉換成流體化床的狀態稱為最小流體化（minimum fluidization），但在進入完全流體化前，存在一個過渡區間，固體顆粒會鬆動而後靜止，介於動靜之間，填充床的兩端壓差將先升後降，類似施力推動物體必須先克服較大的靜摩擦力，移動後只需克服較小的動摩擦力。跨越最小流體化狀態後，固體顆粒受到流體衝擊而離開原始位置，但因為流體提供的拖曳力並非定值，施力降低後將使顆粒落回，待拖曳力增大後又被提起，出現上下循環的運動，致使床層膨脹，此時可稱為分批流體化床。若再提升流速，即使流體拖曳力的強度依然波動，但其最小值仍能提起顆粒，使其無法回歸，此時則稱為連續流體化床。流體速度提高後，雖然可以增加熱傳與質傳的速率，進而加快完成製程目標，但固體顆粒會互相碰撞，或衝擊管道與容器，更快導致裝置磨損。

操作流體化床時，必須適當控制流體的壓差Δp，並且尋找最小流體化狀態。達到此狀態時，壓差作用力恰等於固體顆粒所承受的重力與浮力之差：

$$(\Delta p)A = L_{mf}A(1-\varepsilon_{mf})(\rho_s - \rho)g \tag{2-11}$$

其中L_{mf}與ε_{mf}分別是最小流體化床的高度和孔隙度，A是截面積，ρ_s與ρ分別是固體顆粒與流體的密度。對於壓差Δp，Ergun 曾提出下列模型：

$$\Delta p = k_1 \frac{(1-\varepsilon)^2}{\varepsilon^3} \frac{\mu \mathbf{v}L}{d_{eq}^2} + k_2 \frac{(1-\varepsilon)}{\varepsilon^3} \frac{\rho \mathbf{v}^2 L}{d_{eq}} \tag{2-12}$$

其中d_{eq}是固體顆粒的等效直徑，且$k_1 = 150$、$k_2 = 1.75$。對於較小的d_{eq}，(2-12) 式的等號右側第二項可忽略；對於較大的d_{eq}，等號右側第一項可忽略。在最小流體化狀態，$\mathbf{v} = \mathbf{v}_{mf}$，可以從 (2-11) 式和 (2-12) 式聯立求解而得。

除了控制流體速度，另需注意固體顆粒的尺寸。尺寸微小的顆粒被流體撞擊後，只會出現小位移，在床層內產生渠道，使後續的流體僅沿著渠道行進，混合效果減低。若尺寸大一些，床層容易膨脹，混合效果較高。若尺寸再增加，容易導致氣體形成分散相，這些氣泡會沾附顆粒，上浮時會帶動顆粒向上，混合效果亦佳。然而，顆粒尺寸過大時，重量也較大，氣體不易帶動，使混合效果不理想。

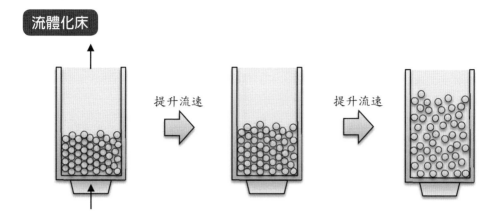

流體化床

壓降($\frac{\Delta p}{L}$)對流速(v)之關係

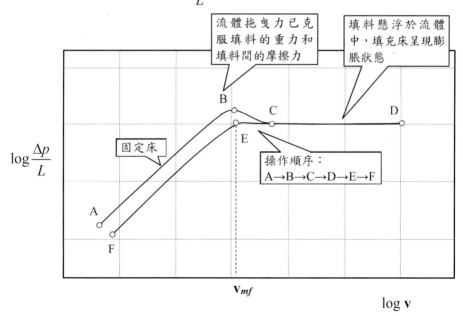

流體拖曳力已克服填料的重力和填料間的摩擦力

填料懸浮於流體中，填充床呈現膨脹狀態

固定床

操作順序：
A→B→C→D→E→F

$\log \frac{\Delta p}{L}$

$\mathbf{v}_{mf}$

$\log \mathbf{v}$

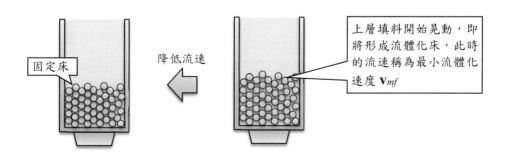

固定床

降低流速

上層填料開始晃動，即將形成流體化床，此時的流速稱為最小流體化速度 $\mathbf{v}_{mf}$

範例

一個填料床的截面積為 $0.5\ m^2$，之中放置了密度為 $2500\ kg/m^3$、平均尺寸為 0.1 mm、圓球度為 0.9 的固體顆粒，共計 500 kg 重。現通入密度為 $2.5\ kg/m^3$、黏度為 $1.8 \times 10^{-5}\ Pa \cdot s$ 的氣體欲使其流體化，經測量後發現最小流體化的高度為 1.6 m，試求出此狀態下的孔隙度、速度與壓降。

解答

1. 固體顆粒的總體積為：$V_p = \dfrac{m_p}{\rho_p} = \dfrac{500}{2500} = 0.2\ m^3$。發生流體化之後，固體顆粒的總

   體積不變，亦即：$V_p = L_{mf} A (1 - \varepsilon_{mf}) = 0.2\ m^3$，其中 L_{mf} 和 ε_{mf} 分別是最小流體化狀態的床高 1.6m 和孔隙度，A 是截面積 $0.5m^2$。故由此可算出：

   $\varepsilon_{mf} = 1 - \dfrac{V_p}{L_{mf} A} = 1 - \dfrac{0.2}{(1.6)(0.5)} = 0.75$。

2. 達到最小流體化狀態時，壓差作用力恰等於固體顆粒所承受的重力與浮力之差，因此：

   $\Delta p = L_{mf}(1 - \varepsilon_{mf})(\rho_p - \rho)g = (1.6)(1 - 0.75)(2500 - 2.5)(9.8) = 9790.2\ Pa$

3. 再利用 Ergun 模型可計算最小流體化速度 $\mathbf{v}_{mf}$：

   $\Delta p = 150 \dfrac{(1 - \varepsilon)^2}{\varepsilon^3} \dfrac{\mu \mathbf{v}_{mf} L}{d_{eq}^2} + 1.75 \dfrac{(1 - \varepsilon)}{\varepsilon^3} \dfrac{\rho \mathbf{v}_{mf}^2 L}{d_{eq}}$

   其中的等效直徑 d_{eq} 為平均尺寸與圓球度的乘積，等於 0.09 mm。故由上式可得到 $\mathbf{v}_{mf} = 0.116\ m/s$。

第3章
多相分離操作

　　本章描述多相混合物的操作技術，例如固體微粒可藉由沉降、離心、過濾、泡沫浮選等方法從溶液中分離出，固體表面或孔隙中的液體可藉由洗滌、瀝取、乾燥等方法離開。

3-1　沉降

水中微粒或空中雨滴會以多快的速度下降？

在化工程序中，常需要分離溶液中的固體微粒，最簡單的方式是讓粒子沉降（settling）。當粒子與器壁或兩個粒子之間的距離都很大時，個別粒子的沉降不受干擾，稱爲自由沉降（free settling）；相反地，固體粒子之間會互相干擾時，則稱爲阻礙沉降（hindered settling）。

單一粒子在流體中會承受重力 F_G、浮力 F_B 和拖曳力 F_D，根據牛頓運動定律，可列出自由沉降速度 $\mathbf{v}$ 的微分方程式：

$$m\frac{d\mathbf{v}}{dt} = F_G - F_B - F_D = mg - \frac{\rho mg}{\rho_P} - \frac{C_D A_p \rho \mathbf{v}^2}{2} \tag{3-1}$$

其中 ρ_P 和 m 是粒子的密度與質量，A_p 是粒子移動方向上的投影面積，C_D 是微粒的拖曳係數。由於向下的重力大於向上的浮力與拖曳力之和，所以沉降速度會隨時間增大，並導致拖曳力逐漸加大。待加速時間足夠，拖曳力與浮力之和終將平衡重力，使粒子不再加速，因而達到終端速度 $\mathbf{v}_t$：

$$\mathbf{v}_t = \sqrt{\frac{2mg}{C_D \rho A_p}(1 - \frac{\rho}{\rho_P})} \tag{3-2}$$

若微粒爲球型，且粒徑爲 d_P，則可得知移動方向上的投影面積 $A_p = \frac{\pi d_P^2}{4}$，使球型微粒的終端速度 $\mathbf{v}_t$ 成爲：

$$\mathbf{v}_t = \sqrt{\frac{4(\rho_P - \rho)g d_P}{3 C_D \rho}} \tag{3-3}$$

由此可知，若能測量出微粒的終端速度，即可推算流體對微粒的拖曳係數 C_D。此外，另一種推估拖曳係數 C_D 的方式來自流體的運動方程式。在粒子沉降時，可定義一種雷諾數 Re_p，以粒徑 d_P 和終端速度 $\mathbf{v}_t$ 作爲特徵參數：

$$\mathrm{Re}_p = \frac{\rho d_p \mathbf{v}_t}{\mu} \tag{3-4}$$

其中的 ρ 和 μ 仍爲流體的密度與黏度。當球型微粒緩慢沉降時，Re_p 通常會小於 0.1，此時周圍的流體屬於緩流（creeping flow），其拖曳力滿足 Stokes 定律：

$$F_D = 3\pi\mu d_p \mathbf{v}_t \tag{3-5}$$

故可得到 $\mathbf{v}_t = \dfrac{g d_P^2(\rho_P - \rho)}{18\mu}$，且 $C_D = \dfrac{24}{\mathrm{Re}_p}$；若 $1000 < \mathrm{Re}_p < 2\times10^5$，則可得 $C_D = 0.44$。

自由沉降加速階段

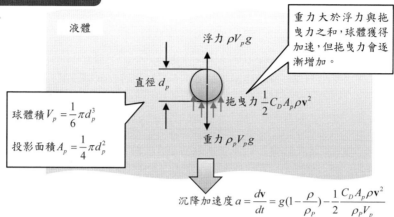

液體

浮力 $\rho V_p g$

重力大於浮力與拖曳力之和，球體獲得加速，但拖曳力會逐漸增加。

直徑 d_p

拖曳力 $\frac{1}{2} C_D A_p \rho \mathbf{v}^2$

球體積 $V_p = \frac{1}{6}\pi d_p^3$

投影面積 $A_p = \frac{1}{4}\pi d_p^2$

重力 $\rho_p V_p g$

沉降加速度 $a = \dfrac{d\mathbf{v}}{dt} = g(1 - \dfrac{\rho}{\rho_P}) - \dfrac{1}{2}\dfrac{C_D A_p \rho \mathbf{v}^2}{\rho_P V_p}$

自由沉降恆速階段

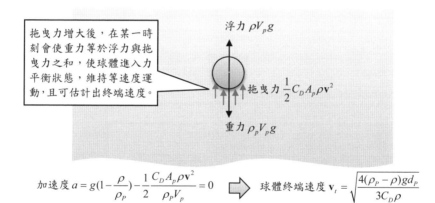

拖曳力增大後，在某一時刻會使重力等於浮力與拖曳力之和，使球體進入力平衡狀態，維持等速度運動，且可估計出終端速度。

浮力 $\rho V_p g$

拖曳力 $\frac{1}{2} C_D A_p \rho \mathbf{v}^2$

重力 $\rho_p V_p g$

加速度 $a = g(1 - \dfrac{\rho}{\rho_P}) - \dfrac{1}{2}\dfrac{C_D A_p \rho \mathbf{v}^2}{\rho_P V_p} = 0$

球體終端速度 $\mathbf{v}_t = \sqrt{\dfrac{4(\rho_P - \rho)g d_P}{3 C_D \rho}}$

球體的 C$_D$ – Re 圖

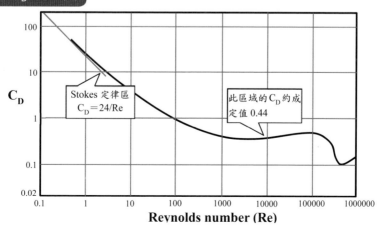

Stokes 定律區 $C_D = 24/Re$

此區域的 C$_D$ 約成定值 0.44

C$_D$

Revnolds number (Re)

3-2　離心與旋風分離

如何加速分離流體中的固粒？

　　分離混合物中的固體微粒可採用沉降法，但僅透過重力，通常十分耗時。為了加速操作，可以改用離心力場（centrifugal field）。當物體處於旋轉運動的軌跡上，為了能持續繞著中心旋轉，必定存在向心力，亦即存在向心加速度。若向心加速度提升，旋轉的半徑將會縮小；相反地，當向心加速度減低，旋轉的半徑將會增大。因為總是存在向心加速度，故可採用加速座標來觀察物體。依據愛因斯坦的等效原理，在加速座標內，由加速度所產生的慣性力相當於物體承受的重力，因此在旋轉座標內，會出現一種假想力，稱為離心力（centrifugal force），可以扮演重力的角色，與向心力抗衡，由離心力導致的加速度 a 可表示為：

$$a = r\omega^2 \tag{3-6}$$

其中 r 和 ω 是物體的旋轉半徑和角速度。由此可知，物體承受的離心力為 $F = mr\omega^2$，m 為物體的質量。若能加快物體的轉動，離心力也將增大。相比於重力場，可定義離心效果 P_c 為離心力對重力之比值：

$$P_c = \frac{r\omega^2}{g} \tag{3-7}$$

其中 g 為重力加速度。一般的離心機可以控制角速度 ω，產生 $100 < P_c < 10000$ 的作用，所以能有效加強沉降分離的效果。為了區別重力場，旋轉裝置內的物體可視為處於離心力場。

　　比照 3-1 節所述，當溶液中存在球型顆粒時，已知其粒徑為 d_P，則可得知溶液置入離心力場後，微粒的終端速度 $\mathbf{v}_t$ 為：

$$\mathbf{v}_t = \sqrt{\frac{4(\rho_P - \rho)d_P r\omega^2}{3C_D \rho}} \tag{3-8}$$

其中的 C_D 是流體對顆粒的拖曳係數，ρ_P 和 ρ 分別是顆粒和溶液的密度。此外，當球型顆粒緩慢移動或粒徑微小時，周圍的流體屬於緩流，可採用 Stokes 定律描述其拖曳力，使終端速度 $\mathbf{v}_t$ 成為：

$$\mathbf{v}_t = \frac{dr}{dt} = \frac{r\omega^2 d_P^2(\rho_P - \rho)}{18\mu} \tag{3-9}$$

因為在離心裝置中，微粒沿著徑向（r 方向）往外移動，所以產生上述微分方程式。現有一種離心裝置，由底部送入漿料，入口為半徑 r_1 的圓管，裝置的器壁為半徑 r_2 的圓桶，以角速度 ω 旋轉。對於入口漿料中的顆粒，進入離心裝置後將會沿著一條曲線前進，並且往側壁偏轉，其軌跡可從 (3-9) 式求得。結果顯示，在相同的滯留時

間 t_r 下，粒徑 d_p 較大的顆粒可以更接近側壁。因此，在離心機的頂部設計一個半徑 r_3 的出口，即可篩分出較小的顆粒。若原料爲兩種不互溶的液體混合物，也可藉由離心機分出重液和輕液，操作後重液會偏向側壁，輕液則留在軸心區。

另有一種利用離心力場的裝置並不旋轉，但可透過流道設計，引導流體在裝置內繞行，因此也能產生離心作用。例如需要分離氣體中包含的固體微粒時，可採用旋風分離器（cyclone separator）。此裝置的入口接近圓桶狀分離器的側壁，裝置的底部爲圓錐狀，設有出口，頂部也連接一個出口。氣體被導入分離器後，將沿著側壁迴轉而形成渦流，且此渦流會因重力而出現向下螺旋的運動軌跡，逐漸往底部的出口前進，但因爲頂部軸心處也有出口，所以還會產生一股向上的小渦流從頂部離開裝置。氣體中所含有的固體粒子若具有較大密度，則難以進入軸心的小渦流，因而逐漸被向下的大渦流帶入圓錐區，最終從底部排出。由於離心作用比重力作用更有效，使旋風分離器廣泛應用於空氣除塵、氣體除霧或食品乾燥中。

✚ 知識補充站

根據粒子尺寸的差異加以分離的技術稱為粒子分級（particle classification），含有粒子的媒介為流體，常見的媒介包括水和空氣，因而分為溼式分級和乾式分級。流體在分級裝置中的移動可屬於直線型，也可以是旋轉型，但兩者的分離原理都基於懸浮粒子的沉降終端速度。以水平送入的原料為例，之中含有的懸浮微粒若具有較小的終端速度，則會在距離入口較遠處才會沉降，因為水平速度與垂直的沉降速度之向量和具有較小的俯角，可移動到距離入口較遠之處。當送入分級器的原料中含有兩種密度不同的粒子，在分級器的槽底特定區域上，會收集到兩種粒子，但其尺寸卻不同，因為落在相同區域的粒子具有相同的沉降速度，所以根據 (3-9) 式，密度較大的粒子具有較小尺寸。另一方面，當這兩種粒子的粒徑分布只有部分重疊時，在槽底的上游區可以收集到沉降速度大的粒子，可能粒徑較大且密度亦大。利用離心力場也可以執行粒子分級，例如有一種雙錐分離器，粒子先旋轉送入內錐，較重者會沉入內錐底部再流出，較輕者則會被上方的風扇牽引，抽至分離器的頂部，再流進外錐和內錐的夾層，並沉降到另一個出口，因而達成分離。

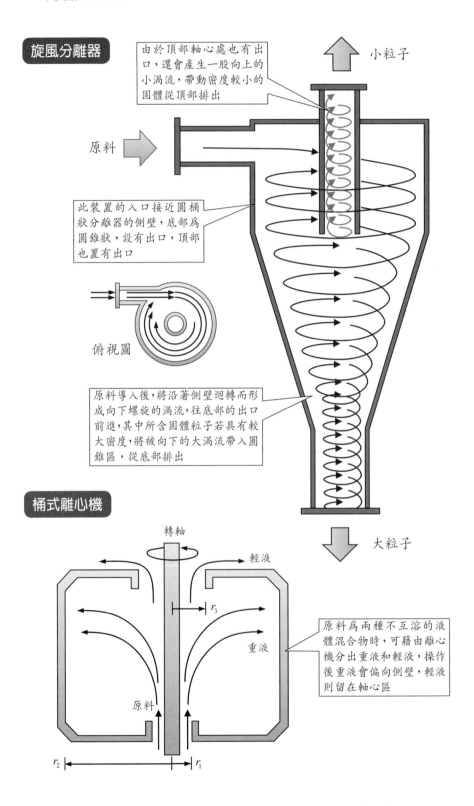

旋風分離器

由於頂部軸心處也有出口,還會產生一股向上的小渦流,帶動密度較小的固體從頂部排出

小粒子

原料

此裝置的入口接近圓桶狀分離器的側壁,底部為圓錐狀,設有出口,頂部也置有出口

俯視圖

原料導入後,將沿著側壁迴轉而形成向下螺旋的渦流,往底部的出口前進,其中所含固體粒子若具有較大密度,將被向下的大渦流帶入圓錐區,從底部排出

桶式離心機

轉軸

輕液

r_3

重液

原料

原料為兩種不互溶的液體混合物時,可藉由離心機分出重液和輕液,操作後重液會偏向側壁,輕液則留在軸心區

原料

大粒子

r_2 r_1

範例

密度為 800 kg/m³、黏度為 100 cp 的溶液中含有密度為 1600 kg/m³ 的固體粒子，以 3000 cm³/s 的流率輸入一台離心機，已知離心機的轉速為 20000 rpm，相關尺寸如圖所示，試估計離心槽的側壁上沉積粒子中的最小粒徑。

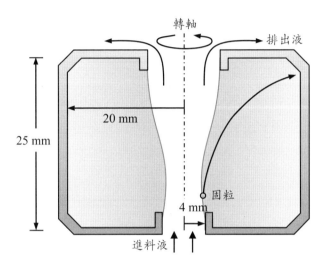

解答

在離心力場中，若固體顆粒的尺寸微小時，可採用 Stokes 定律描述其拖曳力，且可得到終端速度：$\mathbf{v}_t = \dfrac{dr}{dt} = \dfrac{r\omega^2 d_P^2 (\rho_P - \rho)}{18\mu}$，由此式可以預測粒子軌跡隨時間的變化。

若粒徑較大，將會較快沉積到槽壁上，因此槽壁上收集到的沉積粒子中，將以接近排液處的粒徑較小。假設此最小粒徑為 d_P，則從 $r_1 = 4$ mm 移動到 $r_2 = 20$ mm 所需時間 t_r 可從上式中估計：

$$t_r = \frac{18\mu}{\omega^2 d_P^2 (\rho_P - \rho)} \int_{r_1}^{r_2} \frac{dr}{r} = \frac{18\mu}{\omega^2 d_P^2 (\rho_P - \rho)} \ln(\frac{r_2}{r_1})。$$

此外，所需時間 t_r 還可從槽內液體總體積對溶液體積流率的比值得到，亦即：

$t_r = \dfrac{V_L}{Q_L} = \dfrac{\pi(r_2^2 - r_1^2)h}{Q_L}$。因此，

$$d_P = \sqrt{\frac{18\mu Q_L}{\omega^2 (\rho_P - \rho)\pi(r_2^2 - r_1^2)h} \ln(\frac{r_2}{r_1})}$$

$$= \sqrt{\frac{(18)(0.1)(3000\times 10^{-6})}{(2\pi\frac{20000}{60})^2 (1600 - 1000)\pi(0.02^2 - 0.004^2)(0.025)} \ln(\frac{20}{4})} = 3.31\times 10^{-4} \text{ m}$$

3-3 過濾

如何篩分流體中的大顆粒？

欲分離漿液中的固體顆粒，還可採用過濾法（filtration）。此方法屬於機械性分離，需要一種介質，留下大顆粒的固體成分，允許液體與小顆粒穿透，得到固體與濾液。此介質應具有孔洞，且其強度足夠，化性穩定，不會因爲操作而受損或變質，常用的材料包括尼龍（Nylon）、壓克力（Acrylic）、PVC 纖維、玻璃纖維、金屬織布、棉布、濾紙等。

經由過濾操作，可以初步分離漿液中的固體和溶液，若主產物是固體，稱爲濾餅過濾（cake filtration），因爲大量固體被介質阻擋後將聚集成餅狀；若主產物是液體，則稱爲澄清過濾（clarifying filtration），因爲去除了大部分固體後，溶液呈現清澈。引導漿液通過介質時需要施加外力，依據不同類型的外力可設計出各種過濾機。最簡易的裝置是重力過濾機，僅使用重力讓漿液流過介質；此外也可使用壓濾機（filter press）產生壓差，從上游推動漿液通過介質，另可使用眞空過濾機產生壓差，從下游吸引漿液通過介質；由於重力或壓差推力可能不夠大，還可採用旋轉機械製造離心力場，提供百倍以上的重力推動漿液通過介質，此裝置稱爲離心過濾機。爲了有效執行過濾操作，有時會加入助濾劑（filter aid），例如矽藻土或活性碳等多孔固體材料，以吸附漿液中的膠態物質，使其較易留在介質的一側，並防止濾布被堵塞，增加濾餅的孔隙度。

簡易的過濾操作分爲恆壓式與恆速式，實際的操作則可結合恆壓式與恆速式。隨著過濾的進行，介質上的濾餅逐漸增厚，若維持恆壓，則流速將會減慢，若持續增壓，則可維持流速，然而壓力不能無限提升，通常只能到達某個上限。執行過濾時，介質兩側會有壓差 Δp_m，濾餅兩側也會有壓差 Δp_c，兩者之和即爲壓濾機所需施加的壓差。由於濾餅由固體顆粒組成，溶液必須先穿越濾餅的孔洞才能進入介質的孔洞中，因此濾餅類似塡充床，可採用塡充床的理論估計壓差（請見 2-3 節）。考慮了漿液的流速 $\mathbf{v}$、固體顆粒的表面積、體積和密度、濾餅的截面積 A、質量 m_c 和孔隙度、溶液的黏度 μ，可定義濾餅的比阻力 α（specific resistance），使濾餅兩側之壓差 Δp_c 成爲：

$$\Delta p_c = \frac{\alpha \mu \mathbf{v} m_c}{A} \tag{3-10}$$

再定義介質的阻力爲 R_m，使介質兩側之壓差 $\Delta p_m = R_m \mu \mathbf{v}$。經過 t 時間操作後，得到體積爲 V 之濾液，代表漿液的平均流速 $\mathbf{v}$ 可表示爲：

$$\mathbf{v} = \frac{1}{A}\frac{dV}{dt} \tag{3-11}$$

漿液所含固體量可用單位體積濾液中的顆粒質量 c_s 表示，由此可進一步得到濾餅的質量 $m_c = c_s V$。因此，施加的總壓 $\Delta p = \Delta p_c + \Delta p_m$，將會相關於 t 時間後的濾液體積

V，經化簡後可得知：

$$\frac{t}{V} = \frac{\mu \alpha c_s}{2A^2 \Delta p}V + \frac{\mu R_m}{A \Delta p} \tag{3-12}$$

當過濾程序採取恆壓操作時，總壓Δp為定值，上式中的t/V將與V呈線性關係，可經由實驗求出α和R_m。當過濾程序採取恆速操作時，流速$\mathbf{v}$為定值，可得到總壓Δp為：

$$\Delta p = \mu \alpha c_s \mathbf{v}^2 t + \frac{\mu R_m \mathbf{v}}{\mu} \tag{3-13}$$

代表總壓會隨著時間線性增加。

過濾後產生的濾餅相關於原料漿液中的固含量，使用質量分率w和體積分率ϕ皆可表示出原料漿液中的固體比例。若固體顆粒在過濾期間不發生體積變化，則體積分率ϕ與質量分率w之關係為：

$$\phi = \frac{w/\rho_p}{w/\rho_p + (1-w)/\rho} \tag{3-14}$$

其中ρ_p和ρ分別是固體顆粒和濾液的密度。過濾後所得濾餅的厚度為L、孔隙度為ε、截面積為A，濾液體積為V，則可發現：

$$(V + LA)\phi = LA(1-\varepsilon) \tag{3-15}$$

上式左側中的$(V+LA)$代表原料漿液的總體積，右側則為濾餅中固相部分之體積。因此，可以推導出濾餅的厚度L：

$$L = \frac{\phi}{1-\varepsilon-\phi}\left(\frac{V}{A}\right) \tag{3-16}$$

濾餅過濾

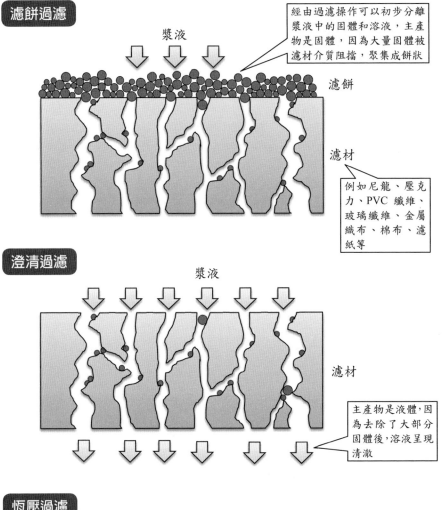

漿液

經由過濾操作可以初步分離
漿液中的固體和溶液,主產
物是固體,因為大量固體被
濾材介質阻擋,聚集成餅狀

濾餅

濾材

例如尼龍、壓克
力、PVC 纖維、
玻璃纖維、金屬
織布、棉布、濾
紙等

澄清過濾

漿液

濾材

主產物是液體,因
為去除了大部分
固體後,溶液呈現
清澈

恆壓過濾

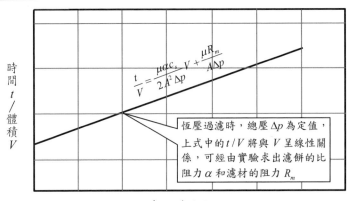

$$\frac{t}{V} = \frac{\mu \alpha c_s}{2A^2 \Delta p} V + \frac{\mu R_m}{A \Delta p}$$

時間 t／體積 V

恆壓過濾時,總壓 Δp 為定值,
上式中的 t/V 將與 V 呈線性關
係,可經由實驗求出濾餅的比
阻力 α 和濾材的阻力 R_m

濾液體積 V

範例

有一漿料總重 600 g，其中含有比重為 3.5 的固體顆粒，溶劑為水。此漿料經 100 s 的恆壓過濾後可得到 100 g 濾餅，再經過乾燥後，可得到 60 g 的固體顆粒。另已知所用壓濾機操作 10 s 後，可得到 85 mL 之濾液。試求體積基準之固含量和濾餅的孔隙度，以及操作 50 s 時的濾液體積。

解答

1. 由乾燥後得到的固體質量可計算出原料中的質量基準固含量：$w = \dfrac{60}{600} = 0.1$；而體積基準之固含量為：

$$\phi = \frac{w/\rho_p}{w/\rho_p + (1-w)/\rho} = \frac{0.1/3.5}{0.1/3.5 + (1-0.1)/1} = 0.030 \text{。}$$

2. 另從濾餅中蒸發的水分可得知水的體積為 40 cm^3，固體部分的體積為 $\dfrac{60}{3.5} = 17.14 \text{ cm}^3$，因此濾餅的孔隙度為 $\varepsilon = \dfrac{40}{40 + 17.14} = 0.7$。

3. 漿料的原始體積為 $\dfrac{60}{3.5} + \dfrac{(600-540)}{1} = 557.14 \text{ cm}^3$，扣除濾餅體積 57.14 cm^3，可得到操作 100 s 後的濾液體積 V 為 500 cm^3。因為恆壓過濾時，t/V 將與 V 呈線性關係，故可假設：$\dfrac{t}{V} = aV + b$，其中的 a 和 b 皆為常數。又因為操作 10 s 後的濾液體積 V 為 85 cm^3，可解出 $a = 2.0 \times 10^{-4}$、$b = 0.1$，因此操作 50 s 後的濾液體積 V 具有下列關係：$2 \times 10^{-4} V^2 + 0.1V - 50 = 0$，求解後可得 $V = 309 \text{ cm}^3$。

3-4　泡沫分離

如何利用氣泡分離液體混合物中的特定成分？

　　泡沫分離法（foam separation）常用於礦場中去除礦石內的雜質，也常用於石化工廠、機械工廠或食品工廠中處理含油汙水或懸浮物廢液，藉此方法可以去除多種汙染物，而且最終只會生成少量汙泥，因而深具應用潛力。此技術融合了流體力學和界面化學原理，在溶液中藉由氣泡與目標成分互相吸引，而使該成分附著於氣泡，即可藉由氣泡上浮而帶離溶液。若氣泡與目標成分的附著不佳，可添加界面活性劑，改善其接觸特性，之後仍能進行浮除程序。氣泡產生後，還會互相聚集，這些集合物上浮至液面將組成泡沫層。處理礦石時，當固體微粒具有疏水性，則可通入氣泡使其附著，再從液面收集，此程序稱為浮選法（froth flotation），至於其他親水性的微粒，則會承受重力而沉降。對於食品工業，當產品屬於可溶性成分，也可通入氣泡使其附著，再從液面收集到富含目標成分之泡沫，此程序稱為泡沫濃縮法（foam fractionation）。浮選法和泡沫濃縮法可以合稱為泡沫分離法。當程序目標設定在廢水處理時，產生的氣泡可用來結合汙染物，攜帶汙染物浮至液面，再加以刮除，同時在水槽的底部排出淨水。

　　在液相中製造氣泡的方法可分為兩種，第一類是直接法，亦即在裝置底部架設具有小孔的通氣管，輸入空氣以形成小氣泡，或先溶解氣體於水中，再設法析出氣泡；第二種是間接法，不安裝通氣管，利用電解水產生氣泡，氣泡種類為 H_2 和 O_2，也稱為電浮除法。電浮除法的裝置內必須設置陰陽極，並水平放置在槽底，但原料溶液通常導電度不佳，故需施加 5 V 以上的電壓，而且所用電極只能電解水，要避免電極材料溶出，以免產生金屬汙染，常用的材料包括石墨、鈦鍍白金網（Pt on Ti）或鈦鍍二氧化鉛網（PbO$_2$ on Ti）等。從反應機制的觀點，電浮除法還可概分為電解浮除（electroflotation）與電聚浮除（electroaggregation and floatation）。

　　電解浮除法主要利用電解產生出 O_2 和 H_2，使水中特定成分吸附在氣泡表面而被帶至水面，以達到分離的效果。一般電解生成的 O_2 和 H_2 氣泡皆非常微小，故具有足夠的接觸面積。電解產生的氣泡愈小，能吸附汙染物的面積愈多，可使浮除的效果愈佳。調整電流、電極材料、pH 值和溫度即可變化產氣量及氣泡尺寸，一般氣泡上升速度約具有 1.0 cm/s 之數量級。

　　電解產氣的過程包括氣泡的形成、成長和脫離三個階段。氣泡生成涉及新相的形成，相關於電極表面的粗糙度和氣體的溶解、過飽和、擴散等因素，其過程十分複雜。氣泡成長時，小氣泡將會滑移而併入中等氣泡。氣泡的脫離發生在浮力大於附著力時，脫離的臨界尺寸與電解條件或電極表面狀態有關。當電流密度愈高時，所產生的氣泡愈小；當電極表面愈粗糙時，所產生的氣泡愈大。

　　透過電場的施加，還可促進電荷凝聚，用於處理廢水時，可促進汙染物絮凝（flocculation）而加速去除，此即電聚浮除法的原理。電聚浮除法可區分成五階段，依序為電場建立、粒子偶極化、粒子聚合、膠羽（floc）形成、膠羽浮除。電聚浮除

法與電解浮除法相似，但隔板的使用與流道的設計不同。當流體進入電場後，其中的汙染物將被偶極化，而且電場還可促進相反電性之粒子互相接近，並於碰撞後結合成較大顆粒，此即絮凝。同時，藉流道之設計，流體將產生劇烈擾流，使汙染物與其他流層之物質發生更多碰撞，經反覆結合後，汙染物的粒徑會不斷成長而加速去除。電聚浮除法不需添加藥劑，主要藉由粒子聚合與氣泡上浮的作用來去除汙染物，故汙泥產量少，操作時既沒臭味，亦無噪音，且佔地面積小。

泡沫分離槽

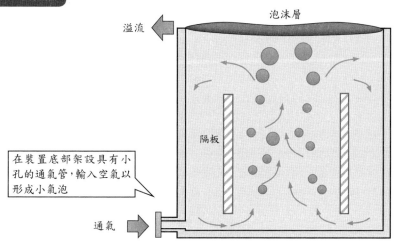

溢流

泡沫層

隔板

在裝置底部架設具有小孔的通氣管，輸入空氣以形成小氣泡

通氣

電解浮除槽

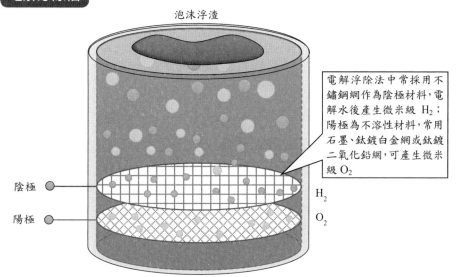

泡沫浮渣

電解浮除法中常採用不鏽鋼網作為陰極材料，電解水後產生微米級 H_2；陽極為不溶性材料，常用石墨、鈦鍍白金網或鈦鍍二氧化鉛網，可產生微米級 O_2

陰極

陽極

H_2

O_2

3-5　洗滌與瀝取

如何分離固體混合物中的可溶解成分？

　　從液態混合物或固態混合物中擷取特定成分的過程稱為萃取（extraction），分離的原理基於溶解度，因此萃取程序必須使用溶劑。當液態混合物中添加特定液態溶劑後，某種成分比較容易溶解在此溶劑中，稱為液－液萃取；當固態混合物浸泡在特定液態溶劑，某種成分比較容易溶解在此溶劑中，則稱為固－液萃取，又稱為瀝取（leaching），例如使用己烷從大豆中取出油品。瀝取程序的主要目的是從固體中提取有用成分，或移除固體中的無用成分，後者又可特別稱為洗滌（washing）。原料接觸液態溶劑後，溶質先從固體表面溶解，再擴散至液相的主體區，完全脫離固體，目前已廣泛用於食品工業、製藥工業與環境工程，日常生活中的泡茶、泡咖啡也屬於瀝取程序。

　　有一些固體具有孔隙，進行瀝取時，溶劑必須滲入孔洞中，溶解的溶質再從內孔擴散至固體的外表面，之後再擴散至溶液的主體區。為了有效提升瀝取速率，可從其原理思考。若能縮短固體的孔洞路徑、移除孔洞內的阻礙物、翻動固體粒子增加接觸、使用溶解度更高的溶劑、加熱提高擴散速率、攪拌產生對流式質傳，都能縮短瀝取的時間。因此，磨碎固體是常用的前處理步驟，翻動、加熱與攪拌可提供有利的瀝取環境。

　　對於洗滌，有時不會發生溶解作用，只利用洗滌液沖出固粒表面或孔隙內的雜質。這類原料通常會先經由過濾形成濾餅（請見 3-3 節），之後再以加壓的洗滌液穿過濾餅，隨著洗滌液的用量累積，可測得濾液中的雜質濃度逐漸下降，但洗滌液的流速不宜過大，因為達到洗滌目標所需的溶液將會過多。假設未經洗滌的濾餅中已含有體積為 V_0 的孔隙液體，其中所含雜質之濃度為 c_0，使用體積為 V_w 的純洗滌液沖洗，得到的濾液中擁有平均濃度 c_s 的雜質，依據質量均衡，可得知：

$$V_0 c_0 = (V_0 + V_w) c_s \tag{3-17}$$

定義所用洗滌液對孔隙液體的體積比 $r = V_w / V_0$，則可得到：

$$\frac{c_s}{c_0} = \frac{1}{1+r} \tag{3-18}$$

通常 $r > 1$。若將同體積的洗滌液分成 n 次執行沖洗，最後的濾液濃度將成為：

$$c_{s,n} = \frac{c_0}{(1 + r/n)^n} \tag{3-19}$$

由此可發現洗滌 n 次的濾液濃度小於洗滌一次的濃度，假設殘餘濃度等於濾液濃度，所以分成 n 次洗滌的效果更好。

　　瀝取程序牽涉三種成分，分別為溶質 A、固體 B 和瀝取溶劑 C，主要的目的是利用 C 溶解出 A，可採用單級操作或多級操作。經過操作後，將會分成兩股產物離開瀝取

裝置，較低者稱為底流（underflow），出口較高者稱為溢流（overflow）。前者以固體為主，但溶液通常無法和固體完全分離，所以排出的固體中會夾帶些許溶液，使輸出產物類似泥漿；後者則為溶液，應不含固體。

對於類似泥漿的底流產物，其中的固體含量或夾帶的溶液量需要透過實驗測定。若定義系統中固體對流體的質量比為 K，因溢流產物中不含固體，所以 $K = 0$，但底流產物的 $K > 0$。另定義溶質 A 在溢流溶液中的質量分率為 x，在底流溶液中的質量分率為 y。進料時，假設固體中不含溶劑 C，故 $y = 1$；以純溶劑 C 瀝取，則進料處的溢流溶液具有 $x = 0$；操作達到平衡後，$y = x$。

假設溶質 A 可以完全溶在溶劑 C 中，利用 A、B、C 的直角三角形相圖，可以估計瀝取程序的產物組成。在三角相圖中，橫坐標為溶劑 C 含量，縱座標為溶質 A 含量，存在一條溶解平衡曲線。若原料中不含 C，則代表原料的 L_0 點將落於縱軸上；若瀝取時使用純溶劑 C，則代表進料的溢流位於右方的頂點 V_2。已知原料與溶劑的質量比，則可求出裝置內的混合物總質量與組成，其代表點位於 M。經過平衡接觸後，將分成底流產物與溢流產物，因為後者不含固體，代表點 V_1 將位於斜邊上。又因底流產物可分成溶液相和固相，代表固相的點 B 位於直角上，代表溶液相的點 S_1 位於溶解平衡曲線上，兩者的連線稱為結線，底流產物的代表點 L_1 則位於結線上。基於質量均衡關係，混合物 M、底流產物 L_1、溢流產物 V_1 應該共線，因此 V_1 必為通過 M 的結線延長至斜邊所產生的交點。

為了更方便地設計瀝取程序，可採用 Janecke 座標。此座標的橫軸為前述溶質 A 在溢流溶液中的質量分率 x，或在底流溶液中的質量分率 y，縱座標為固體對流體的質量比 K。因此，三角相圖中的溶解平衡曲線可以對應到 Janecke 座標中代表底流產物的 $K - y$ 曲線，而代表溢流產物的 $K - x$ 則剛好重合於橫軸，因為溢流中不含固體。但瀝取時，溶劑可能帶離小顆粒的固體，且無法在平衡後沉降，使溢流產物中的 $K > 0$，$K - x$ 曲線將出現在橫軸上方。若無此考量，達平衡時 $y = x$，使 Janecke 座標中的結線平行於縱軸。

考慮一個單級操作裝置，溢流溶液之入口流率為 V_2，底流溶液之入口流率為 L_0，固體流率為 B；溢流溶液之出口流率為 V_1，底流溶液之出口流率為 L_1，固體的出口流率應仍為 B。根據質量均衡可知：

$$L_0 + V_2 = L_1 + V_1 = M \tag{3-20}$$

$$L_0 y_0 + V_2 x_2 = L_1 y_1 + V_1 x_1 = M x_M \tag{3-21}$$

$$B = K_0 L_0 = K_1 L_1 = K_M M \tag{3-22}$$

其中的 M 代表溢流和底流之總液體流率，x_M 代表液相混合物中 A 的含量，K_M 代表全體混合物中固體 B 對溶液 M 的質量比。因此，L_0、M、V_2 在圖中共線，且 L_1、M、V_1 共線，此線亦稱為結線。

單級瀝取程序

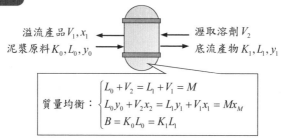

$$質量均衡： \begin{cases} L_0 + V_2 = L_1 + V_1 = M \\ L_0 y_0 + V_2 x_2 = L_1 y_1 + V_1 x_1 = M x_M \\ B = K_0 L_0 = K_1 L_1 \end{cases}$$

三角座標　　　　　　　Janecke 座標

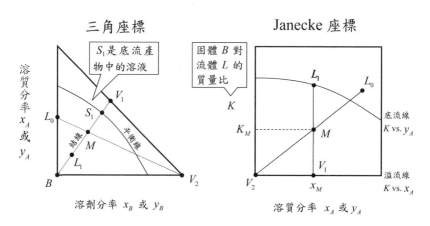

(I) 接觸平衡　　　　　(II) 接觸不足

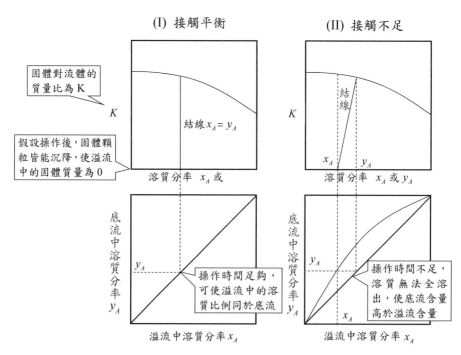

對於逆流式多級操作，假設共有 N 個瀝取裝置，溢流溶液之入口流率為 V_{N+1}，底流溶液之入口流率為 L_0，固體流率為 B；溢流溶液之出口流率為 V_1，底流溶液之出口流率為 L_N，固體出口流率應仍為 B。根據質量均衡可知：

$$L_0 + V_{N+1} = L_N + V_1 = M \tag{3-23}$$
$$L_0 y_0 + V_{N+1} x_{N+1} = L_N y_N + V_1 x_1 = M x_M \tag{3-24}$$
$$B = K_0 L_0 = K_N L_N = K_M M \tag{3-25}$$

從圖中可發現 L_0、M、V_{N+1} 共線，且 L_N、M、V_1 共線。已知入口的流率 L_0 和 V_{N+1}，並設定底流產物的濃度 y_N，即可先畫出 M 點和 L_N，接著利用結線從 V_1 找出 L_1。另觀察到 $L_0 - V_1 = L_N - V_{N+1}$，故可定義操作點 $\Delta = L_0 - V_1 = L_N - V_{N+1}$，繪於圖中將發現 L_0、V_1、Δ 共線，且 L_N、V_{N+1}、Δ 共線。取第 1 級裝置進行質量均衡，可得到 $L_0 - V_1 = L_1 - V_2 = \Delta$，因此 L_1、V_2、Δ 共線，代表從 L_1 至 Δ 的連線將會交橫軸於 V_2，此線可稱為操作線。得到 V_2 後，利用結線求出 L_2，再利用操作線求出 V_3，重複此步驟，應可到達 L_N，同時求出理論級數 N。若無法恰好到達 L_N，則可利用內插法求得理論級數 N。

單級瀝取裝置可設計成固定床式或移動床式，前者是指固體粒子被填入耐壓的容器內，藉由重力或泵來抽動液體穿越固體床的孔隙；後者則是施加動力傳送固體粒子增加溶劑與固體的接觸機會，例如使用擋板在槽中旋轉以推動固體，或採用攪拌葉片以翻動固體。

另有一種瀝取不使用液態溶劑，而是採用超臨界流體，一般稱為超臨界流體萃取。當液態溶劑的溫度和壓力皆升高到某種程度後，蒸發時將無法觀察到氣液界面，此時稱為超臨界狀態，而最低所需溫度稱為臨界溫度，最低所需壓力稱為臨界壓力。處於超臨界狀態的溶劑，分子運動非常劇烈，可以快速地深入固體內進行溶解，因而產生更有效的瀝取效果。目前最常用的超臨界狀態溶劑是 CO_2，具有 73.8 bar 的臨界壓力與 31.1℃的臨界溫度，因為進入超臨界狀態的溫度不高，可以避免目標物分解，且洩壓後會回復成氣體，使 CO_2 輕易地脫離目標物，加上 CO_2 排放後不可燃亦不具毒性。此外，調整操作壓力與操作溫度後，還可改變溶解能力，故具有選擇性，唯有超臨界流體所需裝置較貴。目前此方法已應用於食品工業中，例如使用超臨界狀態之 CO_2 萃取咖啡豆中的咖啡因，得到低咖啡因豆，瀝取出的咖啡因又可製成食品添加劑。

單級瀝取程序

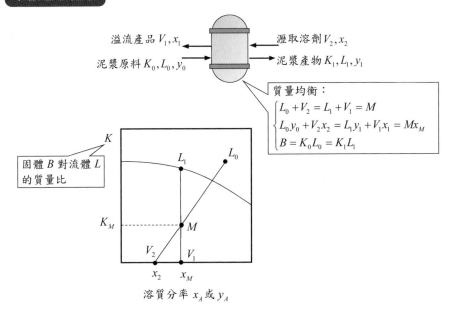

溢流產品 V_1, x_1　　瀝取溶劑 V_2, x_2

泥漿原料 K_0, L_0, y_0　　泥漿產物 K_1, L_1, y_1

質量均衡：
$$\begin{cases} L_0 + V_2 = L_1 + V_1 = M \\ L_0 y_0 + V_2 x_2 = L_1 y_1 + V_1 x_1 = M x_M \\ B = K_0 L_0 = K_1 L_1 \end{cases}$$

固體 B 對流體 L 的質量比

溶質分率 x_A 或 y_A

多級瀝取程序

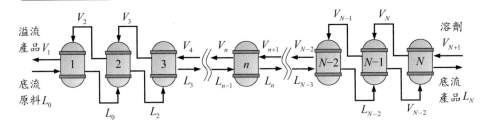

溢流產品 V_1

底流原料 L_0

溶劑 V_{N+1}

底流產品 L_N

1. 先計算進料和溶劑之總組成 M，再透過目標值 x_N，計算出產物 L_N
2. 由 L_0、V_1 連線和 L_N、V_{N+1} 連線的交點決定操作點 Δ
3. 由結線從 V_1 找出 L_1，再藉由操作點 Δ 和 L_1 的連線(操作線)找出 V_2
4. 重複上述步驟，直至超過目標值 L_N，再以內差法估計出理論級數 N

$N = 3$

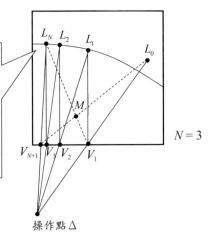

操作點 Δ

範例 1

一個共 100 kg 的黃豆漿中含有 75 kg 的固體與 25 kg 的溶液，溶液中有 10 wt% 的油和 90 wt% 的己烷。若此黃豆漿與 100 kg 的純己烷在單級分離器中接觸，且可假設平衡時固體對流體的質量比固定為 1.5。試計算離開分離器的溢流和底流的總量與組成。

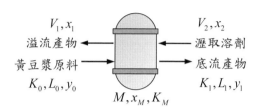

解答

1. 分離器中的液相混合物之總質量為 $M = L_1 + V_1 = L_0 + V_2 = 25 + 100 = 125$ kg，且可知原料的固流質量比 $K_0 = 75/25 = 3$。

2. 對黃豆油進行質量均衡，可得 $L_0 y_0 + V_2 x_2 = 25(0.1) + 100(0) = M x_M = 125 x_M$，所以 $x_M = 0.02$。達成接觸平衡時，$y_1 = x_1 = x_M = 0.02$。

3. 對於黃豆渣固體進行質量均衡，可得 $B = K_M M = 125 K_M = 75$ kg，所以分離器內的固流質量比 $K_M = 0.6$。

4. 又因為兩種產物之質量和為：$L_1 + V_1 = M = 125$ kg，且固流質量比固定為 $K_1 = 1.5$，從底流排出的黃豆渣固體質量不變：$B = K_1 L_1 = 1.5 L_1 = 75$ kg，所以可計算出 $L_1 = 50$ kg，$V_1 = 75$ kg。

範例 2

棉種子中含有 20 wt% 的油，欲使用某種純溶劑進行多級逆流瀝取操作來取出棉種子所含油分之 96%。已知排出溢流中含有 50% 棉子油，底流中每 2 kg 排渣固定含有 1 kg 溶液，試求此程序在平衡接觸操作下的理論級數。

解答

1. 假設有 100 kg 棉種子原料，油占 20%，不含溶劑，故 $L_0 = 20$ kg，$y_0 = 1$，$B = 80$ kg。

2. 由質量均衡可知 $M = L_0 + V_{N+1} = 20 + V_{N+1} = L_N + V_1$。

3. 另已知底流中 $K = 2$，因此底流出口中 $L_N = \dfrac{B}{K} = \dfrac{80}{2} = 40$ kg。又因為有 96% 油分被瀝取，使排出的底流中只含油 0.8 kg，因此為 $y_N = \dfrac{0.8}{40} = 0.02$。

4. 對於溢流產品，其中含油 19.2 kg，且已知 $x_1 = 0.5$，所以 $V_1 = 38.4$ kg，由此可計算出：$V_1 + L_N = 78.4$ kg $= V_{N+1} + L_0$，故 $V_{N+1} = 58.4$ kg。

5. 在 K-x/y 圖中，因為 $N_0 = 4$，可先畫出 L_0，另可依據前面的計算結果分別畫出 V_1，L_N，V_{N+1}。延長直線 V_1L_0 與直線 $x_{N+1}L_N$，可得到交點 $\Delta(-\dfrac{1}{23}, -\dfrac{100}{23})$。接著利用作圖法，依序找出 y_1 至 y_N，結果如下表所示。因此，理論級數 N 介於 6~7 間，約為 6.72。

級數	y_N
1	0.5000
2	0.3287
3	0.2114
4	0.1311
5	0.0761
6	0.0384
6.72	0.0200
7	0.0126

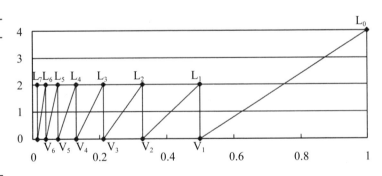

Note

3-6　乾燥

溼固體中的水分如何去除？

欲從溼固體物料或固液混合漿料中取得乾固體，必須執行乾燥（drying）程序。這些原料中的液體是水或有機溶劑，通常可利用相變化使其離開原料。有兩種乾燥程序得以達成此目標，最常用的方法是接觸乾空氣，使水分逐漸蒸發，但純粹透過加熱到達水的沸點，另稱為蒸發程序（請見 4-7 節），用於去除大量水分，有別於乾燥程序，因為乾燥的對象屬於含水量較少的原料；另一種方法則是冷凍，先將原料中的水分結冰，再透過減壓使其昇華，以離開原料。在許多化學或食品工廠中，乾燥通常是產品完成前的最後步驟，例如生產洗衣粉或奶粉，因為產品乾燥後才容易包裝、運送與販售。對於生物類與食品類產品，乾燥可延長保存時間，因為缺水的環境可以抑制微生物生長。

溼固體之乾燥代表固體中含水率降低，所移除的水分存在於表面和孔隙中，位於表面的水分可以直接蒸發，但位於孔隙內的水分則需要經由質傳，移動至表面後才能離開固體。濕固體在定溫下接觸大量乾空氣後，假設空氣的溼度狀態不受改變，空氣與固體將達成平衡，此時固體內的含水率將成為一個特定值，稱為平衡含水率。若溼物料的起始質量為 m_0，乾固體的質量為 m_d，接觸乾空氣 t 時間後，散失些許水分而剩下質量 $m(t)$，依此可定義這時的含水率 $X(t)$：

$$X(t) = \frac{m(t) - m_d}{m_d} \tag{3-26}$$

此式基於乾固體，因此也稱為乾基準含水率。假設經歷長時間乾燥，物料與空氣達成平衡，最終將剩下平衡質量 m_{eq}，並得到平衡含水率 X_{eq}：

$$X_{eq} = \frac{m_{eq} - m_d}{m_d} \tag{3-27}$$

但需注意，平衡時的固體並非全乾，仍含有水分，因此從溼物料乾燥至平衡物料的過程中，散失的部分稱為自由水，是指經由乾燥可移除的水分，其他無法被乾燥程序去除者稱為非自由水。相反地，在相同溫度下，具有平衡含水率的物體接觸了較潮濕的空氣，則此固體會逐漸吸收空氣中的水分。

乾燥是一種動態程序，必須探討其速率，又因為水分是從表面移除，故常估計其乾燥通量，意指單位面積的乾燥速率。驅動水分蒸發的幾種原因包括溫度差或濃度差，使用乾熱空氣接觸溼冷固體時，空氣的溫度高於相同濕度下的溼球溫度，此溫差即為乾燥程序的驅動力，假設從目前氣流溫度 T 降低至溼球溫度 T_W 所釋放的熱量可使用牛頓冷卻定律估計，亦即對流熱傳係數為 h，且已知溼球溫度下的蒸發熱為 λ，則乾燥通量 N_{dry} 可表示為：

$$N_{dry} = \frac{h}{\lambda}(T - T_W) \tag{3-28}$$

若以水分從固體表面質傳到空氣中的觀點來看，乾燥程序的驅動力可視為空氣溼度 H 對相同溫度下飽和溼度 H_S 之差，若已知質傳係數為 k，則乾燥通量 N_{dry} 將成為：

$$N_{dry} = k(H_S - H) \tag{3-29}$$

乾燥通量還可視為固體內部水分的單位面積損失速率，可以正比於含水率 $X(t)$ 隨著時間下降之速率，若已知固體的總表面積為 A，則乾燥通量 N_{dry} 為：

$$N_{dry} = -\frac{m_d}{A}\frac{dX}{dt} \tag{3-30}$$

使用固定溼度與溫度的乾熱空氣移除固體水分，乾燥速率並非固定，只有在表面還保持潤溼時速率大致為定值，但當表面的水膜不完整時，乾燥速率開始下降，因為後續的乾燥必須仰賴水分從內部輸送至表面，所以乾燥速率愈來愈慢，且依物料的種類而異。由定速乾燥轉變至減速乾燥時，稱為乾燥的臨界點，此狀態所對應的臨界含水率是溼固體物料的重要特性。

設計乾燥設備時，需要考慮物料的外型，並且要加入動力裝置，不斷翻動或移動物料，使所有表面都能接觸乾熱空氣，盛盤或篩網是常用的容器，並且要使用輸送帶變換物料的位置。對於粒徑較小的潮濕粉體，可採用流體化床的概念（請見 2-4 節），以鼓風機送入熱氣，衝擊溼粉體，將其流體化並乾燥，再搭配旋風分離器收集乾粉（請見 3-2 節）；反之也可將潮濕粉體噴灑至乾空氣中，在沉降時獲得乾燥，再搭配旋風分離器收集乾粉。然而，生物類或食品類原料通常對溫度較敏感，不宜接觸熱氣，故需使用冷凍乾燥法。經過冷凍降溫後，水結成冰，再調降壓力使其昇華，即可獲得乾燥產品。

平衡含水率曲線

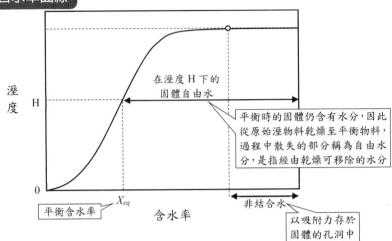

溼度

在溼度 H 下的固體自由水

平衡時的固體仍含有水分，因此從原始溼物料乾燥至平衡物料，過程中散失的部分稱為自由水分，是指經由乾燥可移除的水分

平衡含水率 X_{eq}

含水率

非結合水

以吸附力存於固體的孔洞中

乾燥速率曲線

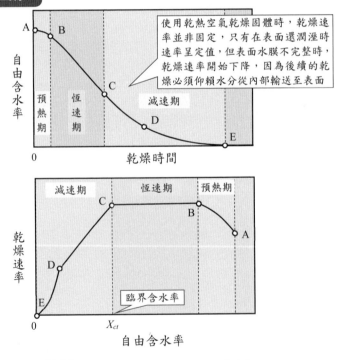

自由含水率

使用乾熱空氣乾燥固體時，乾燥速率並非固定，只有在表面還潤溼時速率呈定值，但表面水膜不完整時，乾燥速率開始下降，因為後續的乾燥必須仰賴水分從內部輸送至表面

預熱期　恆速期　減速期

乾燥時間

減速期　恆速期　預熱期

乾燥速率

臨界含水率 X_{ct}

自由含水率

恆速期

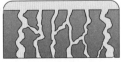

表面含水

減速期

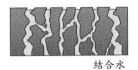

結合水

第4章
均相分離操作

本章描述均相混合物的操作技術，主要的方法包括創造新相、接觸另一相、使用障礙物。創造新相的技術包括分餾、蒸發、增溼與除溼、結晶等方法；接觸另一相的技術包括萃取、吸收與氣提、吸附與脫附、離子交換、層析等方法；使用障礙物的技術為膜分離法。

4-1 蒸餾

如何分離液體混合物中的易揮發成分？

在液態混合物中，各成分具有不同的沸點與不同的揮發性，故可利用液體蒸發後氣態混合物中含有較多易揮發成分，改變混合物的組成比例。若將此氣體混合物冷凝，可預期冷凝液再經蒸發後生成的氣相中，將會含有更多的易揮發成分。依此重複操作，理論上可將易揮發成分和不易揮發成分逐漸分離，此類程序即稱為蒸餾（distillation）。

製酒的技術由來已久，古人即已了解蒸餾法可以提高酒精濃度，因而能生產濃烈的白酒；使用現代工業技術，甚至還可以得到無水酒精。除了製酒，蒸餾技術已廣泛用於生產化學品，例如從石油中可分離出汽油、柴油、煤油與重油，再依序分離出各種化學品。依據生產規模與產品特性，現已發展出數類蒸餾技術，包括批次蒸餾（flash distillation）、驟沸蒸餾（flash distillation）、精餾（rectification）、萃取蒸餾（extractive distillation）等，各方法雖然對應不同的裝置，但其分離原理相似，皆利用成分的揮發能力差異加以分離或純化。

根據單一成分的相圖，液相的蒸氣壓會隨溫度升高而增大，所以在大氣壓下加熱液體，當其蒸氣壓增至大氣壓時，液體開始沸騰，此時的溫度即為該物質之沸點（boiling point）。對於二成分溶液，加熱後產生的氣相中也擁有這兩種成分，當其總蒸氣壓達到大氣壓時，也會出現沸騰現象，此時的溫度可稱為混合溶液的泡點（bubble point）。收集這些蒸氣，在大氣壓下加以冷凝，會在某個特定溫度開始出現凝結液滴，對單一成分可稱此溫度為凝結點（condensation point），對多成分則可稱為露點（dew point）。另在非大氣壓下，也可進行蒸餾程序，因此發展出減壓蒸餾（reduced pressure distillation）或真空蒸餾（vacuum distillation）技術。

對於 A 和 B 組成的二成分系統，達到氣液兩相的平衡時，根據相律（請見 1-4 節），系統的自由度 $F = 2$，代表系統的狀態可藉由兩項互相獨立的參數來決定，可能的選項包括 A 成分的液相濃度或氣相濃度、B 成分的液相濃度或氣相濃度、系統溫度、系統壓力。但需注意，A 成分的液相濃度和 B 成分的液相濃度並非互相獨立，氣相亦然。

進行蒸餾程序時，若系統處於定壓下，則此系統還有一個自由度可調變，亦即加熱到特定溫度時，系統狀態將被確定。例如加熱到泡點時，將出現氣液兩相的平衡；溫度超過泡點後，將成為氣液兩相共存的狀態；再不斷加熱後，終將成為單一氣相；反之開始冷卻氣體，降溫到露點時，出現凝結的液滴，又成為氣液兩相的平衡；再持續冷卻後，將回復到原始的純液態。

若改變液態原料中的 A 濃度，重複上述的加熱與冷卻程序，仍可得到對應的泡點與露點。現採用莫耳分率 x_A 來表示 A 在溶液中的含量，則可將定壓下不同 x_A 所對應的泡點與露點分別連接成定壓下的泡點曲線（bubble-point curve）和露點曲線（dew-point curve），得到 A、B 二成分的相圖，此相圖是推估蒸餾產品的重要工具，因為

進行蒸餾時，勢必會出現氣液相共存的狀態。當定壓系統被加熱到某個溫度時，自由度為 0，兩相的組成是固定的，其組成可從相圖中的等溫線分別與泡點曲線和露點曲線之交點求得。另根據質量均衡，兩相中所有的 A 含量必定等於原料中的 A 含量。因此，經過求解方程式，可得到系統中的氣相總質量與液相總質量，這兩相的質量也可透過槓桿原理的圖解法求得（請見 1-4 節）。從解答中可發現，隨著溫度上升，液相質量逐漸降低，氣相質量逐漸增加。

若 A 成分的揮發能力優於 B 成分，則在溫度超過泡點後，A 比 B 更易形成氣相，使氣相中的 A 成分莫耳分率 y_A 高於原料中的 A 成分莫耳分率 x_{A0}，且共存液相之 A 成分莫耳分率 x_A 則會低於 x_{A0}，代表每一次蒸餾操作，氣相中的 A 被增濃，留在液相中的 A 則被稀釋，亦即 $x_A < x_{A0} < y_A$，經歷多次操作後，有可能得到高純度的氣相 A 和高純度的液相 B，此即蒸餾程序的分離原理。若蒸餾操作只進行一個階段，稱為單級蒸餾（single-stage distillation），蒸餾後得到的蒸氣經過凝結後將成為餾出液（distillate），留下的液體成為蒸餘液（residuum）；當餾出液再進行一次蒸餾操作，或持續重複此步驟，將得到純度更高的產品，此程序稱為多級蒸餾（multi-stage distillation）。

前述的泡點曲線和露點曲線除了可以透過實驗求得，也可以從熱力學理論推導，但理論推導取決於某些前提。假設在 A 和 B 組成的二成分系統中，A 分子對 B 分子的作用等同各 A 分子間的作用，也等同於各 B 分子間的作用，則此組合稱為理想溶液（ideal solution）。此類理想溶液達到氣液平衡時，將符合拉午耳定律（Raoult's law），亦即 A 成分之蒸氣壓 p_A 與液相濃度 x_A 成正比，B 成分亦同，可表示為：

$$p_A = p_A^\circ x_A \tag{4-1}$$
$$p_B = p_B^\circ x_B \tag{4-2}$$

其中 p_A° 和 p_B° 分別是 A 和 B 的飽和蒸汽壓，只隨溫度而變。接近理想溶液的實際案例不多，包括苯－甲苯混合物、甲醇－乙醇混合物等，兩種成分的物性與化性必須相近。

對於二成分混合物，另定義 A 成分對 B 成分的相對揮發度 α_{AB} 為：

$$\alpha_{AB} = \frac{y_A / x_A}{y_B / x_B} \tag{4-3}$$

其中的 y_A / x_A 代表揮發後氣相中的 A 含量對液相中的 A 含量之比值，根據之前的描述，A 若為易揮發成分，則 $y_A / x_A > 1$；相對地，B 為不易揮發成分，故 $y_B / x_B < 1$，使 $\alpha_{AB} > 1$。若 A 和 B 能組成理想溶液，可推得：

$$\alpha_{AB} = \frac{p_A^\circ}{p_B^\circ} \tag{4-4}$$

代表在定溫下，α_{AB} 為定值。又因為 $y_B = 1 - y_A$，且 $x_B = 1 - x_A$，進而得到：

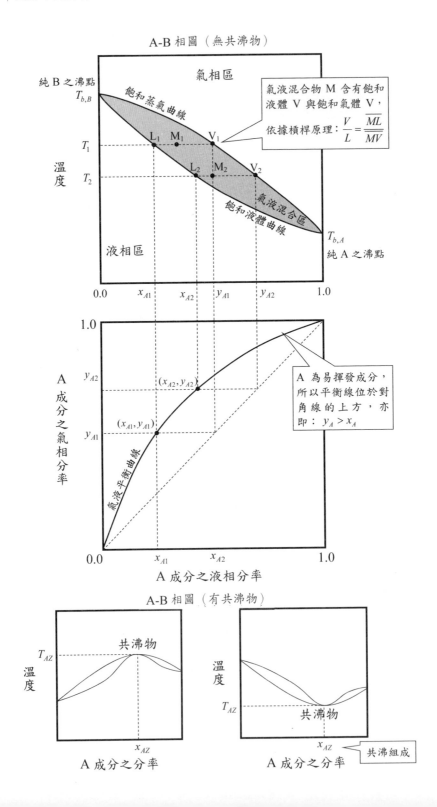

$$y_A = \frac{\alpha_{AB} x_A}{1 + (\alpha_{AB} - 1) x_A} \tag{4-5}$$

此式是 A 成分的氣相含量對液相含量的平衡關係，可在 y_A 對 x_A 的座標圖中繪製出開口向下的平衡曲線，此平衡曲線相關於泡點曲線和露點曲線。對於非理想溶液，必須從實驗數據繪出平衡曲線。

在化學實驗室中，也常進行蒸餾分離程序。取一蒸餾瓶，盛裝液態混合物原料，底部加上熱源，蒸餾瓶的頸部接上一支冷凝管，所得冷凝液導入一個容器，即可組裝一套簡單蒸餾裝置。簡易的冷凝管通常由套管構成，蒸餾出的熱氣流入內管，冷凝水則從外管注入，藉由熱交換而冷凝成餾出液（distillate）。若此程序到達溫度 T_1，且已知蒸餘液中含有莫耳分率為 x_{A1} 的 A，則從相圖中的露點曲線可得知飽和蒸氣含有 y_{A1} 的 A，因此冷凝成餾出液之後，其中將包含比率為 y_{A1} 的 A。欲進行第二次蒸餾，可視為原料中含有 y_{A1} 的 A，再經過蒸餾與冷凝後，所得餾出液將含有比率 y_{A2} 的 A。這兩個階段的蒸餾步驟對應相圖，相當於兩層階梯。因此，更多級的蒸餾也可採用圖解法快速求得餾出液中的 A 含量。

因為簡單蒸餾屬於批次操作，因此也被稱為批次蒸餾。假設原料的總莫耳數為 n，最初含有莫耳分率為 x_{A0} 的 A，經過極短時間蒸餾後，假設液相的莫耳數減少 dn，且有莫耳分率 dx_A 的 A 被蒸發，並使氣相的莫耳數增加 dn，A 的莫耳分率增加了 dy_A，經由質量均衡，可得知 $x_A n = (x_A - dx_A)(n - dn) + (y_A + dy_A)dn$。因為其中的 $dx_A dn$ 和 $dy_A dn$ 相對較小，質量均衡方程式可化簡為：

$$\frac{dn}{n} = \frac{dx_A}{y_A - x_A} \tag{4-6}$$

若已知 y_A 與 x_A 的平衡關係如 (4-5) 式，其中的 α_{AB} 為定值，經過積分後，可得到：

$$\frac{x_A}{x_{A0}} = \left(\frac{1 - x_A}{1 - x_{A0}}\right)^{\alpha_{AB}} = \left(\frac{x_B}{x_{B0}}\right)^{\alpha_{AB}} \tag{4-7}$$

此式稱為 Rayleigh 方程式，用以估計簡單蒸餾後的餾出液組成與餾餘液組成。

對於某些原料，易在高溫時分解或反應，且其常壓沸點較高，不適合直接蒸餾。然而，透過系統減壓，可以降低液體原料的沸點，促使沸騰發生。此外，透過減壓裝置，原料的蒸餾可以快速完成，因而能連續處理。當液體被連續地輸入蒸餾設備後，將先預熱，再經過減壓閥才注入分離器，因為溫度升高且壓力降低，在分離器中會快速地生成氣相，之後氣相產物從上方排出，液相產物由下方離開，此程序稱為驟沸蒸餾（flash distillation）。若輸入原料中含有 x_F 的易揮發成分 A，輸出的氣相產物中含有 y_D 的 A，液相產物中含有 x_W 的 A，且有比率 f 的原料將會成為氣相產物，則從 A 的質量均衡可得到：

$$x_F = (1 - f) x_W + f y_D \tag{4-8}$$

在工業應用中，單級的簡單蒸餾通常無法蒸餾出高純度的產品，因而需要串聯多

級蒸餾裝置，例如第一級裝置得到的餾出液會送入第二級裝置，經加熱蒸餾再冷凝後，得到第二級餾出液，接著再送入第三級裝置進行蒸餾。然而，先加熱又再冷卻將會消耗許多能量，故開發出改良型設計，第一級裝置產生的熱蒸氣可透過熱交換器釋放給第二級裝置的原料液體，使其中一部份蒸餾成氣相，離開第二級的氣相又可再釋放熱量給第三級的原料液體，往復操作後，最後一級的氣相再送入冷凝器，得到餾出液產品。這種改良型蒸餾法不僅節約能源，也可減少冷凝器與加熱器的數量，更具經濟效益。此外，工業應用中還可以減少容器的數量，將每一級蒸餾操作合併到同一個容器內，各級程序皆在層板上完成，並以高塔作為主容器，架構成為層板塔（plate column）。

設計蒸餾塔時，必須已知原料的組成，並要設定餾出液與餾餘液的產物組成，以推估所需層板數量，以及塔高。為了降低成本，層板數量愈少愈好，但板數過少無法分離出高純度的產品，因此開發出回流式操作（reflux），亦即部分的餾出液再送回塔中，部分的餾餘物也送回塔中，但餾餘液在送回之前必須先加熱成蒸氣，所需裝置稱為再沸器（reboiler），而此再沸器也扮演了層板的角色。有些蒸餾塔搭配的冷凝器（condenser）只冷卻部分氣相產物以回流至塔中，這類部分冷凝器也相當於一片層板。上述具有回流操作的連續蒸餾程序，特別稱為精餾（rectification）或分餾（fractioning）。

在精餾塔中，特定層板的液體原料從上方流落，加熱此液體原料的熱氣則來自層板下方，因此塔內形成往下的液流和往上的氣流。為了方便探討精餾塔，可從最上方層板開始編號，離開第一級層板的氣體將送入冷凝器中，部分成為餾出液，亦稱為塔頂產品，其餘部分則成為回流液，回流後注入第一級層板，使之接觸來自下方第二級層板的熱蒸氣。離開第一級層板的液體將下落至第二級層板，並接觸來自第三級層板的熱蒸氣。類似程序發生在整個精餾塔中，除了進料處。在塔底，最後一級層板的液體將會接觸再沸器加熱得到的熱蒸氣，離開此板的液體送入再沸器，離開的氣體則移至上方層板。在進料處，需視原料的預處理而定，當原料為液態時，送進塔中會往下落；當原料為氣態時，送進塔中會向上升；當原料為液氣混合物時，送進塔中的液相往下落、氣相往上升，所以進料層板的物流比其他層板複雜。

操作層板塔時，每一級層板上的氣液兩相不一定會達到平衡，因為接觸時間可能不足，或兩相的接觸面積太小，使實際的氣液兩相組成不等於平衡時的組成。因此，設計精餾塔時還需考慮板效率，才能得到符合目標的產品。評估板效率，可分成幾種層次，由小至大分別是層板上一點、整片層板、整座精餾塔。考慮第 n 級層板中的特定點，蒸氣會從第 $n+1$ 級層板進入，其濃度為 y'_{n+1}，接觸液體後的蒸氣會離開，其理論平衡濃度為 $y_{n,eq}$，但實際離開的蒸氣濃度不及理論濃度，僅有 y'_n，所以層板上的局部效率可表示為：

$$\eta' = \frac{y'_n - y'_{n+1}}{y_{n,eq} - y'_{n+1}} \tag{4-9}$$

對於直徑較小的精餾塔，氣液攪拌比較均勻，層板上單點與整片層板的濃度大約

層板型精餾塔

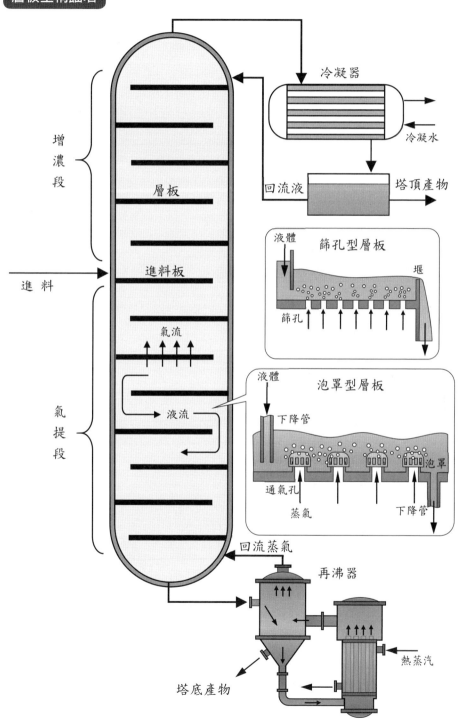

一致，亦即全板濃度 $y_n = y'_n$，故效率也相同。整片層板的效率稱爲莫非效率 η_M（Murphree efficiency）：

$$\eta_M = \frac{y_n - y_{n+1}}{y_{n,eq} - y_{n+1}} \tag{4-10}$$

由於各層板的莫非效率皆未達 100%，所以整座精餾塔欲達到預設產品純度，需要更多層板，因此全塔效率 η_O（overall efficiency）可從理論板數 N_{ideal} 對實際板數 $N_{practical}$ 的比值得知：

$$\eta_O = \frac{N_{ideal}}{N_{practical}} \tag{4-11}$$

至於求取理論板數 N_{ideal}，必須考慮質量均衡與能量均衡。

有一種理想的情形是層板上氣液接觸時，每莫耳蒸氣冷凝所釋放的熱量恰好用於每莫耳液體蒸發而吸收的熱量，因此可發現在此層板的氣流總量沒有改變，液流總量也沒有改變，分別離開進入上下層板後亦同，進而使塔頂至進料板之間所有的蒸氣流量與液體流量皆能維持定值；另在進料板至塔底之間亦相同，所有的蒸氣流量與液體流量皆能維持定值，唯有進料板處有別於此情形。具有此種特性的前提是混合物中兩成分的潛熱相當，才能使各成分的分子在氣液間以同比例交換，符合此理想條件的系統稱爲等莫耳溢流（constant molal overflow）。然而，一般的系統不滿足此條件，各成分的潛熱有差距，所以必須考慮層板內的能量平衡。

採用等莫耳溢流假設的設計稱爲 McCabe-Thiele 法，主要透過氣液平衡圖來尋找精餾塔的理論板數。一個連續操作的精餾塔可以分爲冷凝區、再沸區、進料區（feed）、增濃區（rectifying section）和氣提區（stripping section），以下將逐一說明。

精餾塔與簡單蒸餾的差別在於回流，冷凝區牽涉了回流操作，假設精餾塔中離開第 1 級層板的蒸氣具有莫耳流量 V，這些蒸氣被送入冷凝器，凝結後有莫耳流量爲 L 的液體回傳至第 1 級板，作爲塔頂產品的莫耳流量爲 D。由此定義回流比 R（reflux ratio）爲回流量對產品流量之比值：

$$R = \frac{L}{D} = \frac{V - D}{D} \tag{4-12}$$

在第一級層板上，離開的蒸氣中含有易揮發成分 A 的濃度爲 y_1，經過冷凝後，A 成分的濃度仍爲 y_1，所以回流至第一級層板的液體中所含 A 的濃度 $x_0 = y_1$，且塔頂產品中所含 A 的濃度亦爲 $x_D = y_1$；但氣液接觸後，從第一級板流至第二級板的液體中將會含有濃度 x_1 的 A，在板效率爲 100% 的情形下，氣液兩相達到平衡，代表 x_1 和 y_1 會落在氣液平衡曲線上。另已知從第二級板進入第一級板的蒸氣中含有濃度 y_2 的 A，故可計算 A 在第一級板的質量平衡：

$$Lx_0 + Vy_2 = Lx_1 + Vy_1 \tag{4-13}$$

必須注意進入與離開第一級板的氣體流量皆爲 V，液體流量皆爲 L。又因爲 $V = D + L$

$= (1 + R)D$，故可使用回流比來表示液體流量對氣體流量的比值：

$$\frac{L}{V} = \frac{R}{R+1} \tag{4-14}$$

由前述已知 $x_0 = y_1 = x_D$，可進一步得到：

$$y_2 = \frac{R}{R+1} x_1 + \frac{x_D}{R+1} \tag{4-15}$$

將第一級層板與冷凝器視為一個子系統，可發現 x_D、x_1、y_2 是僅有的進出物流之濃度，所以 (4-15) 式可以稱為這個子系統的質量均衡關係式。若擴充這個子系統的組件，將第二級層板納入，則可得到新的關係式：

$$y_3 = \frac{R}{R+1} x_2 + \frac{x_D}{R+1} \tag{4-16}$$

依此類推，將前 n 級層板都納入，得到的關係式為：

$$y_{n+1} = \frac{R}{R+1} x_n + \frac{x_D}{R+1} = \frac{R}{R+1}(x_n - x_D) + x_D \tag{4-17}$$

比較這些關係式，可發現在 $x - y$ 圖中畫上的 (x_1, y_2)、(x_2, y_3)、……、(x_n, y_{n+1}) 會共線，其斜率為 $R/(R + 1)$，截距為 $x_D/(R + 1)$，必定通過點 (x_D, y_D)，又因為這些點是各子系統進出物流的濃度關係，故此直線可以稱為操作線。

　　再沸區也牽涉了回流操作，假設精餾塔的第 N 級層板為塔中的底板，排出的液體莫耳流量為 L'，其中含有濃度 x_N 的 A，這些液體被送入再沸器，部分蒸發後產生莫耳流量為 V' 的蒸氣回流至第 N 級板，其中含有濃度 y_W 的 A；未揮發液體作為塔底產品，其莫耳流量為 $W = L' - V'$，含有濃度 x_W 的 A。因此，再沸器的操作類似一片層板，給予編號 $N + 1$，使 $x_{N+1} = x_W$、$y_{N+1} = y_W$，且 x_W 和 y_W 具有平衡關係。現將第 N 級板和再沸器視為一個子系統，依據 A 的質量平衡可得到：

$$y_{N+1} = \frac{L'}{L'-W} x_N - \frac{Wx_W}{L'-W} \tag{4-18}$$

若將第 $k + 1$ 級板至底板、再沸器皆納入子系統，可得到：

$$y_{k+1} = \frac{L'}{L'-W} x_k - \frac{Wx_W}{L'-W} = \frac{L'}{L'-W}(x_k - x_W) + x_W \tag{4-19}$$

相似地，在 $x - y$ 圖中畫上的 (x_N, y_{N+1})、(x_{N-1}, y_N)、……、(x_k, y_{k+1}) 會共線，其斜率為 $L'/(L' - W)$，必定通過點 (x_W, x_W)，因為這些點是子系統進出物流的濃度關係，此直線可以稱為氣提區的操作線。必須注意，氣提區的操作線不同於增濃區的操作線，兩者的斜率不相等。

　　在進料區的質量均衡比較複雜，必須視原料的狀態而定，因為原料可以屬於單相液體、單相液體或氣液混合物。為了可以量化原料的特性，定義原料輸入精餾塔後，可

分成比例爲 q 的液體和比例爲 $1 - q$ 的氣體，液體將進入氣提區，氣體將進入增濃區。已知有莫耳流量爲 F 的原料送入塔中，由於進料板銜接了增濃區和氣提區，此處的液體與氣體的流量關係可分別表示爲：

$$L' = L + qF \tag{4-20}$$
$$V = V' + (1 - q)F \tag{4-21}$$

進料的 q 值可以區分成 5 種情況，第一種是過冷液體，其溫度低於泡點，因爲過冷液體會吸收部分蒸氣的熱量使其冷凝，生成多於進料流量 F 的液體送入氣提區，故 $q >$ 1。第二種是飽和液體，溫度等於泡點，$q = 1$，輸入後直接進入氣提區。第三種是氣液混合物，溫度介於泡點與露點之間，$0 < q < 1$，輸入後飽和液體進入氣提區，飽和氣體進入增濃區。第四種是飽和氣體，溫度等於露點，$q = 0$，輸入後直接進入增濃區。第五種是過熱蒸氣，其溫度高於露點，因爲過熱蒸氣會釋放部分熱量給予液體而使其蒸發，形成多於進料流量 F 的氣體送入增濃區，故 $q < 0$。對於過冷液體和過熱蒸氣，可藉由原料的溫度 T_F 與潛熱 λ 來計算 q 值。

因爲進料板可視爲增濃區的底端，也可視爲氣提區的頂端，所以此板的氣相濃度 y 和液相濃度 x 應同時落在前述的兩條操作線上，亦即：

$$y = \frac{L}{V}x + \frac{Dx_D}{V} = \frac{L'}{V'}x - \frac{Wx_W}{V'} \tag{4-22}$$

對整座精餾塔，已知輸入的原料流量爲 F，易揮發成分之濃度爲 x_F，塔頂產品和塔底產品的流量分別爲 D 和 W，濃度分別爲 x_D 和 x_W，所以從質量均衡可知：

$$Fx_F = Dx_D + Wx_W \tag{4-23}$$

結合上述方程式之後，可進一步得到簡化的進料區平衡關係：

$$y = -\frac{q}{1-q}x + \frac{x_F}{1-q} \tag{4-24}$$

因爲 $x - y$ 圖中的點 (x_F, x_F) 也滿足此方程式，故可連接 (x_F, x_F) 和 (x, y)，形成進料區的操作線，亦稱爲 q 線，此 q 線將與增濃區操作線、氣提區操作線共同通過 (x, y)。

McCabe-Thiele 法必須利用上述三條操作線，以求出精餾塔的理論板數。通常在設計精餾塔時，已知原料的流量 F、成分濃度 x_F、溫度 T_F，並且設定塔頂產品和塔底產品的成分濃度分別爲 x_D 和 x_W、回流比 R，才能開始估計理論板數。透過 $x - y$ 圖，第一步從 (x_D, x_D) 作爲端點繪出斜率爲 $R/(R + 1)$ 的增濃區操作線；第二步是由進料的溫度 T_F 和相關物性計算出 q 值，再從點 (x_F, x_F) 作爲端點繪出斜率爲 $q/(q - 1)$ 的進料區操作線，並與增濃區操作線交於一點 (x, y)；第三步是連接 (x, y) 和 (x_W, x_W)，得到氣提區操作線；第四步以 (x_D, x_D) 爲起點，畫出水平線交平衡線於 (x_1, y_1)，再向下畫垂直線交增濃區操作線於 (x_1, y_2)，接著再畫水平線交平衡線於 (x_2, y_2)，再向下畫垂直線交操作線於 (x_2, y_3)，重複繪製此階梯形折線直至跨越進料區，進入氣提區之後，所畫出的階梯形折線將介於平衡線與氣提區操作線之間。這些階梯形折線通常難以到

精餾塔之理論板數

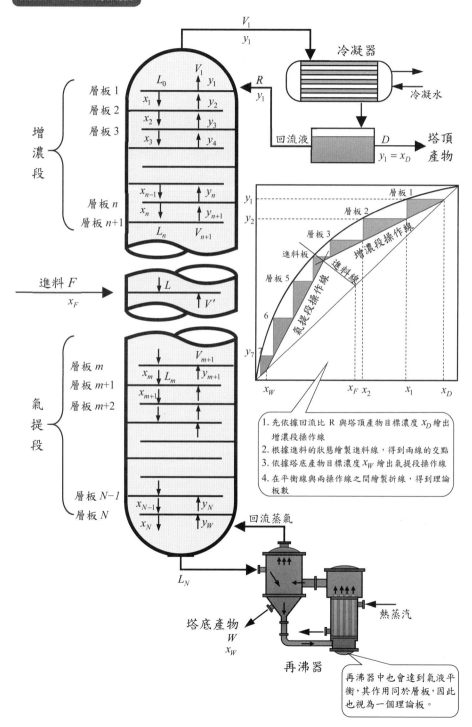

1. 先依據回流比 R 與塔頂產物目標濃度 x_D 繪出增濃段操作線
2. 根據進料的狀態繪製進料線，得到兩線的交點
3. 依據塔底產物目標濃度 x_W 繪出氣提段操作線
4. 在平衡線與兩操作線之間繪製折線，得到理論板數

再沸器中也會達到氣液平衡，其作用同於層板，因此也視為一個理論板。

達 (x_W, x_W)，最後將超越此點，代表理論板數並非整數，因此要用內插法估計到達 (x_W, x_W) 的數量。假設這些折線與平衡線擁有 $N + 1$ 個交點，代表塔內應含有 $N + 1$ 個層板，但前已提及，再沸器也視爲一個層板，因此塔內應裝設的層板數量爲 N。雖然 N 值並非整數，但實際架設精餾塔時，還要考慮板效率，最後仍會採用整數層板來製作精餾塔。以上即爲 McCabe-Thiele 法的流程，可透過繪圖得到理論板數。

經過分析可知，回流比 R 直接相關於理論板數 N。當 R 增大時，板數 N 可降低，代表精餾塔的製作費用減少；然而，R 增大時，產品流量減少，花費在單位產品的冷凝與加熱成本卻會提高，未必最具經濟效益。相對地，當 R 降低時，單位產品的冷凝與加熱成本減少，但板數 N 隨之增加，製作精餾塔的費用上升。由此可知，考量總成本後，回流比 R 存在最適值。以下考慮兩種極端，其一爲全回流，代表 $R \to \infty$，另一爲最小回流，代表板數 $N \to \infty$。

對於全回流，可得知 $D = 0$ 且 $V = L$，增濃區和氣提區的操作線斜率皆爲 1，直接通過 (x_F, x_F)，並重合於 $x - y$ 圖的對角線。使用 McCabe-Thiele 法，從 (x_D, x_D) 開始，在平衡線與對角線之間繪製階梯折線，可以得到最少理論板數 $N_{\min}$，其中包含了再沸器。

對於最小回流，已知原料的狀態，可先繪製出進料操作線，相交平衡線於 (x_p, y_p)，此處稱爲挾點（pinch point）。降低回流比時，增濃區操作線之斜率亦減低，但三條操作線的交點必須位於平衡線與對角線之間，故此交點的極限恰爲挾點 (x_p, y_p)，此時對應的回流比爲 $R_{\min}$，對應的增濃段操作線斜率爲 $R_{\min} / (R_{\min} + 1)$。增濃段操作線除了通過挾點，也通過 (x_D, x_D)，故可推得最小回流比 $R_{\min}$：

$$R_{\min} = \frac{x_D - y_p}{y_p - x_p} \tag{4-25}$$

另需注意，對於某些原料，其平衡線具有反曲點，所以進料線不通過挾點 (x_p, y_p)，此案例的挾點 (x_p, y_p) 將出現在增濃區操作線相切於平衡線之處。得到 $R_{\min}$ 之後，可推估最適回流比 R_{op}，對一般情形，R_{op} 約介於 $1.2R_{\min}$ 到 $1.5R_{\min}$ 之間。

精餾塔的層板大致有三種型式，分別爲篩板（sieve plate）、泡罩板（bubble cap plate）與閥板（valve plate）。三種層板上都擁有通孔，以利上升的蒸氣穿過。篩板上擁有的小孔允許來自下層板的蒸汽穿越，篩板上則盛有液體，蒸氣通過時將接觸液體，但需要控制氣體流量，才能有效接觸。進入泡罩板的蒸汽則受阻於鐘形的泡罩，但泡罩的側邊擁有小孔，允許蒸氣穿越並分散，泡罩的外部是液體，所以穿出小孔的蒸汽可與液體充分接觸，利於達到氣液平衡。閥板的通孔上安裝了固定板和活動板，活動板類似閥門，當氣體流量足夠時，活動板會被氣體頂開，且活動板的開啓程度相關於氣體流量，當蒸氣進入板上的液體區後，即可進行氣液接觸。三種層板的邊緣都製作了堰，可以暫時盛裝液體，當液面恰好超過堰頂時，液體將流向下層板，爲了有效導引，上下層板間還會安裝下降管。

對於乙醇－水混合物和硝酸－水混合物而言，達成氣液平衡時，會出現液相組成與氣相組成相同的情形，亦即泡點線與露點線相交，此特定混合物稱爲共沸物

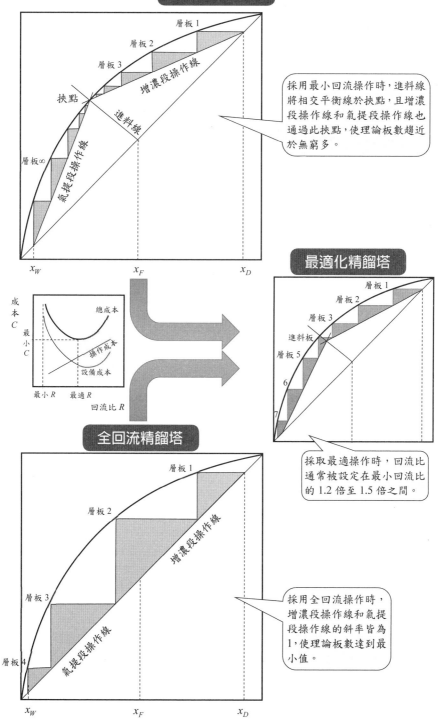

最小回流精餾塔

層板1
層板2
層板3
增濃段操作線
挾點
進料線
層板∞
氣提段操作線

x_W x_F x_D

採用最小回流操作時,進料線將相交平衡線於挾點,且增濃段操作線和氣提段操作線也通過此挾點,使理論板數趨近於無窮多。

成本 C
最小 C
總成本
操作成本
設備成本
最小 R 最適 R
回流比 R

最適化精餾塔

層板1
層板2
層板3
進料板
層板5
6
7

採取最適操作時,回流比通常被設定在最小回流比的 1.2 倍至 1.5 倍之間。

全回流精餾塔

層板1
層板2
增濃段操作線
層板3
氣提段操作線
層板4

x_W x_F x_D

採用全回流操作時,增濃段操作線和氣提段操作線的斜率皆為1,使理論板數達到最小值。

（azeotrope），此時的溫度稱爲共沸點（azeotropic point）。在一大氣壓下，當乙醇的質量分率爲 95.63% 時，乙醇與水將形成共沸物，共沸點爲 78.2℃，低於純乙醇的沸點，也低於純水的沸點，稱爲正共沸物。同在一大氣壓下，當硝酸的質量分率爲 68.4% 時，硝酸與水將形成共沸物，共沸點爲 122℃，高於純硝酸的沸點，也高於純水的沸點，稱爲負共沸物。蒸餾程序中，若出現了 A 和 B 組成的共沸物，代表氣液兩相的組成相同，因而無法有效分離 A 和 B，必須採取別種方法。若純 A 的沸點較高，必須添加一種沸點較低的 C 成分於混合物中，藉由 C 和 A、B 形成另一種共沸物，且其共沸點更低，使大部分的 A 先從精餾塔的塔底分離出，之後再設法分開 C 和 B，且回流 C 至精餾塔，繼續使用，此程序稱爲共沸蒸餾（請見 5-1 節）。例如要分離前述的乙醇與水之共沸物，可在其中添加苯，使乙醇、水、苯形成新的三元共沸物，共沸點爲 64.9℃，因此沸點爲 78.4℃的純乙醇將從精餾塔的底部離開，三元共沸物則從塔頂離開，經冷凝後，因爲水與苯不完全互溶，苯相回流至原精餾塔，水相則送入第二個精餾塔，以分離出純水。

　　層板上的氣液接觸時，若每莫耳蒸氣冷凝釋放的熱量不等於每莫耳液體蒸發所需吸收的熱量，則需要考慮混合物之焓變化，牽涉的參數包括各成分的沸點、比熱和潛熱對溫度、壓力與濃度的關係，也需要知道混合熱的變化關係。對於 A、B 二成分混合物之常壓分餾程序，已知純 A 和純 B 的比熱分別爲 c_{pA} 和 c_{pB}，混合熱爲 ΔH_{mix}，再取參考溫度爲 T_0，則其飽和液體的焓 h 可表示爲：

$$h = x_A c_{pA}(T - T_0) + x_B c_{pB}(T - T_0) + \Delta H_{mix} \tag{4-26}$$

其中 x_A 和 x_B 分別爲 A、B 在液相混合物中的莫耳分率。另對飽和氣體，若已知兩成分的比熱分別爲 c'_{pA} 和 c'_{pB}，潛熱分別爲 λ_A 和 λ_B，其焓 H 可表示爲：

$$H = y_A[\lambda_A + c'_{pA}(T - T_0)] + y_B[\lambda_B + c'_{pB}(T - T_0)] \tag{4-27}$$

其中 y_A 和 y_B 分別爲 A、B 在氣相混合物中的莫耳分率。因爲 $x_B = 1 - x_A$，$y_B = 1 - y_A$，所以上述方程式轉換成 $H - y_A$ 和 $h - x_A$ 之關係，並可共同繪於焓－濃度圖中，對應的曲線分別稱爲飽和蒸氣線與飽和液體線。在飽和蒸氣線上方爲過熱蒸氣區，在飽和液體線下方爲過冷液體區，兩線中間爲兩相共存區。若取一組平衡的 y_A 和 x_A 在圖中連線，可得結線（tie line）。

　　接著進行增濃區的總質量均衡，採用前述的子系統法，可得到餾出物流量 D、氣流 V 與液流 L 的關係：

$$D = V_2 - L_1 = V_3 - L_2 = ... = V_{n+1} - L_n \tag{4-28}$$

對於 A 成分，其質量均衡則可表示爲：

$$Dx_D = V_2 y_2 - L_1 x_1 = V_3 y_3 - L_2 x_2 = ... = V_{n+1} y_{n+1} - L_n x_n \tag{4-29}$$

考慮冷凝區至第 n 級層板的子系統，若餾出物的焓爲 h_D，第 n 級板的液體焓爲 h_n，冷凝器釋放的熱量爲 q_C，且來自第 $n+1$ 級板之蒸氣具有焓 H_{n+1}，根據能量均衡可得：

$$V_{n+1}H_{n+1} = L_n h_n + Dh_D + q_C \tag{4-30}$$

上式左側是輸入子系統的能量，右側是所有輸出的能量。再定義 $D' = Dh_D + q_C$，則可發現其他子系統的能量均衡可表示為：

$$D' = V_2 H_2 - L_1 h_1 = V_3 H_3 - L_2 h_2 = ... = V_{n+1}H_{n+1} - L_n h_n \tag{4-31}$$

對於第 1 級層板，設定了回流比 R 後，可得到：

$$R = \frac{L_0}{D} = \frac{(h_D + q_C / D) - H_1}{H_1 - h_D} \tag{4-32}$$

其中的 h_D 將取決於餾出物的莫耳分率 x_D。此式說明了冷凝器放熱 q_C 可由回流比 R 決定，故在焓－濃度圖中可繪出點 D 和點 D'，根據槓桿原則，點 D 和點 D' 之連線將與飽和蒸氣線交於 V_1。由於 V_1 和 L_1 以結線相連，故可從 V_1 求出圖中的 L_1 位置；又因為從 (4-31) 式可知，點 L_1 和點 D' 之連線將與飽和蒸氣線交於 V_2，再透過結線可得到 L_2 位置；依此類推，可求出增濃區所有層板的氣相與液相莫耳分率。

　　對於氣提區，也採用子系統法得到餾餘物流量 W 與各氣流與液流的的質量均衡關係：

$$W = L_N - V_W = ... = L_m - V_{m+1} \tag{4-33}$$

其中第 N 級板為底板，第 m 級板為氣提區的頂部，V_W 是離開再沸器的氣體流量。對於 A 成分，設定了餾餘物的莫耳分率 x_W 後，其質量均衡可表示為：

$$Wx_W = L_N x_N - V_W y_W = ... = L_{m-1}x_{m-1} - V_m y_m \tag{4-34}$$

若餾餘物的焓為 h_W，第 m 級板的氣體焓為 H_W，再沸器所需熱量為 q_R，且來自第 $m-1$ 級板之液體具有焓 h_{m-1}，根據能量均衡可得：

$$L_{m-1}h_{m-1} + q_R = Wh_W + V_m H_m \tag{4-35}$$

上式左側代表輸入子系統的能量，右側表示輸出的能量。再定義 $W' = Wh_W - q_R$，則可發現其他子系統的能量均衡可表示為：

$$W' = Wh_W - q_R = ... = L_{m-1}h_{m-1} - V_m H_m \tag{4-36}$$

在焓－濃度圖中可先繪出點 W 和點 W'，因為再沸器可視為一個層板，故點 W 和 V_W 之連線即為結線，故可從 W 求出圖中的 V_W 位置。又因為從 (4-36) 式，點 V_W 和點 W' 之連線將與飽和液體線交於 L_N，再透過結線可得到 V_N 位置；依此類推，即可求出氣提區所有層板的氣相與液相莫耳分率。

　　對於整座精餾塔，已知總體質量均衡為 $F = D + W$，A 成分的質量均衡為 $Fx_F = Dx_D + Wx_W$。再由進料的狀態可推測焓 H_F，並且進行能量均衡：

$$FH_F = (Dh_D + q_C) + (Wh_W - q_R) = D' + W' \tag{4-37}$$

由此式可知 F、D'、W' 在同一條直線上。

　　使用焓－濃度圖計算理論板數時，首先根據回流比 R 和塔頂產物之 x_D 畫出點 D 和點 D'，其連線稱為操作線，以操作線和飽和蒸氣線的交點決定 V_1，再利用結線與飽和液體線的交點決定 L_1，之後往復畫出操作線與結線，找出增濃區的氣相與液相莫耳分率。另一方面，根據已知的進料濃度 x_F 與焓 H_F，可在圖中找出點 F，又因為 F、D'、W' 共線，可找出圖中的 W'。當增濃區的某一條結線跨越 D' 和 W' 之連線後，將進入氣提區。之後相似地畫出操作線與結線，直至液相濃度低於 x_W，再使用內插法，即可估計出非整數的理論板數，但須注意最後一個理論板為再沸器。

　　上述的作圖法擁有許多假設，引用了簡化的熱力學數據，所以為了更精確地設計精餾塔，較有效的方法是使用製程模擬軟體，常用的工具為 Aspen Plus®。操作時可依據混合物的特性選擇適當的熱力學模型，再輸入進料與產品的條件，即可快速地求得理論板數。再者，Aspen Plus® 中還有多種模組可以選擇，提供解決不同類型的精餾塔設計問題。

✚ 知識補充站

　　化工程序模擬必須考慮質量均衡、動量均衡、能量均衡，在穩態操作下，還需考量相平衡和化學反應平衡，若在動態操作下，則需考量輸送現象和化學反應速率。執行模擬時，可從已知的輸入條件求解輸出狀態，也可從設定的輸出狀態來求解操作參數。模擬系統的發展源自於1950年代，但早期的功能有限，直至1970年代才引入模組與資料庫，使應用的範圍更廣。接近1980年時，美國能源部在麻省理工學院開發新軟體，命名為程序工程先進系統（advanced system for process engineering），簡稱為ASPEN，之後於1982年成立AspenTech公司，全力發展Aspen套裝軟體產品，截至2021年，已經開發出Aspen One的組合產品，並更新到第12版。此軟體可用於化工程序的模擬、最佳化、靈敏度分析與經濟評估，使全球大型的化工廠和化工研究機構都成為使用客戶。Aspen Plus涵蓋三個區塊，分別為物性資料庫、單元操作模組和系統執行。由於化工程序牽涉無機物、有機物、溶液、混合氣體等物質，進行計算時必須引用其物性，因而建立了資料庫，且此程序由各種單元操作組合而成，所以每項操作的質能均衡皆要考慮，而且操作參數的變化如何影響程序也待了解，因而需要單元操作模組。最後以順序模擬法（sequential modular approach）為原則，結合聯立求解方程式的概念，先按照各模組的順序求得初值，再使用迭代法聯立求解，收斂後將結果輸出成報表。經由Aspen Plus的運算，產物的流量或組成可以求得，裝置的最適尺寸和操作條件亦可得知，縮短程序設計的時間。

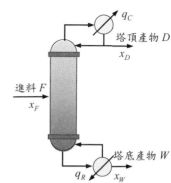

非等莫耳溢流之精餾塔

1.定義 $D' = Dh_D + q_C$
2.定義 $W' = Wh_W - q_R$
3.質量均衡：$Fx_F = Dx_D + Wx_W$
4.能量均衡：$FH_F = D' + W'$

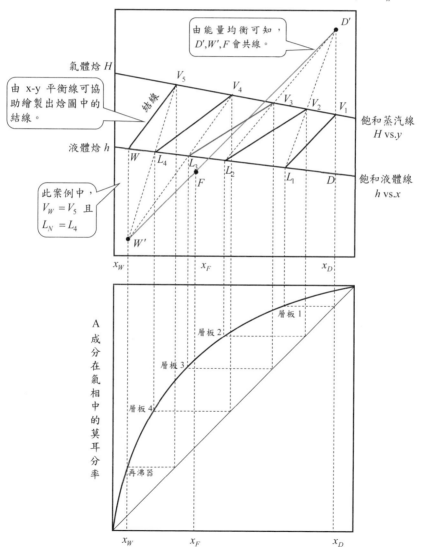

A 成分在液相中的莫耳分率

範例 1

將含有 40 wt% A 及 60 wt% B 之液體混合物送入蒸餾塔中，從塔頂可得到 A 成分占 90 mole% 的產物，在塔底則可得到進料中 10% 的 A。已知進料的質量流率為 2000 kg/h，A 和 B 的分子量分別是 32 和 60，試計算塔頂產物及塔底產物的莫耳流率（kmol/h）和重量組成（wt%）。

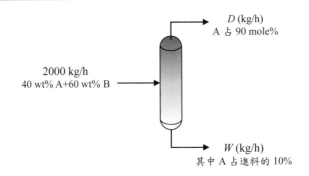

解答

1. 已知總進料的流率為 $F = 2000$ kg/h，其中 A 成分的進料流率為 $F_A = (2000)(0.4) = 800$ kg/h，因 A 的分子量是 32，所以 A 成分的進料莫耳流率為 $F_A = 25$ kmol/h。同理，對於 B 成分，進料流率為 $F_B = (2000)(0.6) = 1200$ kg/h，進料莫耳流率為 $F_B = 20$ kmol/h。所以 A 成分的進料莫耳分率 $x_F = 25/45 = 0.556$。

2. 另已知塔頂產物的莫耳分率 $x_D = 0.9$，塔底產物的 A 成分流率為 $0.1\,F_A = 2.5$ kmol/h，故可列出蒸餾塔的莫耳均衡關係：
$$\begin{cases} D + W = 45 \\ 0.9D + 2.5 = 25 \end{cases}$$
由此可解出塔頂產物的莫耳流率為 $D = 25$ kmol/h，塔底產物的莫耳流率為 $W = 20$ kmol/h。

3. 在塔頂產物中，A 成分占 90 mole%，故其莫耳流率為 $D_A = (25)(0.9) = 22.5$ kmol/h，換算成質量流率為 720 kg/h，B 的莫耳流率為 $D_B = 2.5$ kmol/h，換算成質量流率為 150 kg/h。所以塔頂產物的總質量流率為 870 kg/h，A 成分的質量分率為 $w_D = 720/870 = 0.828$。

4. 在塔底產物中，進料中 10% 的 A 由此排出，故其質量流率為 80 kg/h，莫耳流率為 $W_A = 80/32 = 2.5$kmol/h；因為塔底總莫耳流率為 20 kmol/h，故 B 的莫耳流率為 $W_A = 20 - 2.5 = 17.5$ kmol/h，質量流率為 1050 kg/h。所以塔底產物的總質量流率為 1130 kg/h，A 成分的質量分率為 $w_W = 80/1130 = 0.071$。

範例2

內含 40 mol% A 和 60 mol% B 的飽和溶液被送入有回流且使用完全冷凝器的分餾塔中，經操作後可在塔頂得到含有 92.5 mol% A 的產物，塔底得到含有 5.0 mol% A 的產物。假設操作時混合物可視為理想溶液，A 對 B 的相對揮發度固定為 3，試求此分餾塔在全回流時和回流比為 4 時的理論板數。

解答

1. 假設進料流量為 $F = 100$ kmol/h，其中 A 的含量為 $x_F = 0.4$，且塔頂產品的 A 含量為 $x_D = 0.925$，塔底產品的 A 含量為 $x_W = 0.05$。由質量守衡可知：
$$\begin{cases} D + W = 100 \\ 0.925D + 0.05W = (0.4)(100) \end{cases}$$
所以可解出 $D = 40$ kmol/h 和 $W = 60$ kmol/h。

2. 由於 A 對 B 的相對揮發度 $\alpha_{AB} = 3$，可推得平衡關係線為：
$$y_A = \frac{\alpha_{AB}x_A}{1 + (\alpha_{AB} - 1)x_A} = \frac{3x_A}{1 + 2x_A} \text{。}$$

3. 操作在全回流下，可知增濃段操作線即為 x-y 平衡圖中的對角線，氣提段操作線亦同，故可藉由作圖法或代數計算得到各級理論板的平衡莫耳分率，並由內插法可計算出理論級數為 4.98，其中再沸器占一個級數。

全回流

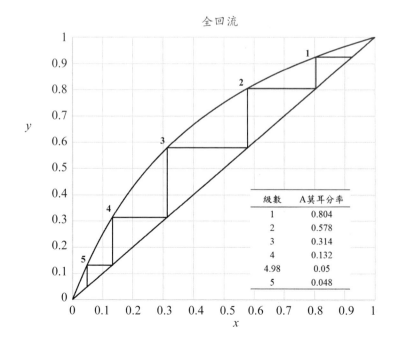

級數	A莫耳分率
1	0.804
2	0.578
3	0.314
4	0.132
4.98	0.05
5	0.048

4. 操作在回流比爲 4 時，增濃段操作線爲：$y = \dfrac{R}{R+1}x + \dfrac{x_D}{R+1} = 0.8x + 0.185$。又因爲原料是飽和液體，故入料線爲垂直線：$x = 0.4$，兩線交於 (0.4, 0.505)。連接 (0.05, 0.05) 和 (0.4, 0.505) 可繪出氣提段操作線。接著利用作圖法可得到理論級數爲 4.98，其中之一代表再沸器。

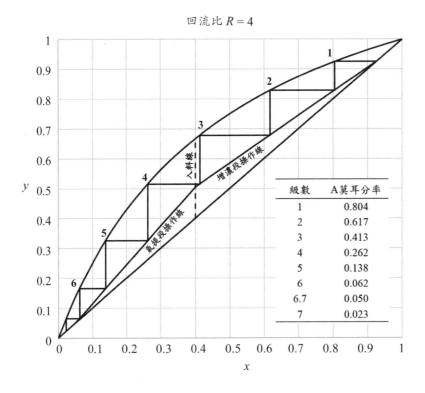

回流比 $R = 4$

級數	A莫耳分率
1	0.804
2	0.617
3	0.413
4	0.262
5	0.138
6	0.062
6.7	0.050
7	0.023

Note

4-2 萃取

如何取出液體混合物中的特定成分？

從液態混合物或固態混合物中擷取特定成分的過程稱爲萃取（extraction），能分離這種成分的原因是溶解，因此萃取程序必須使用溶劑。在液態混合物中添加特定液態試劑後，特定成分較容易溶進此試劑，此程序稱爲液－液萃取；當固態混合物浸泡在特定液態試劑中，特定成分較容易溶進此試劑，此程序稱爲固－液萃取，又稱爲瀝取（leaching）。例如使用甲苯從含酚廢水中取出酚屬於液－液萃取，使用己烷從大豆中取出油屬於瀝取（請見 3-5 節），過程中添加的溶劑稱爲萃取劑（extractant），萃取後的產品稱爲萃取物（extract），留下的物質稱爲萃餘物（raffinate）。

欲分離液體混合物，也可採用蒸餾，但某些原料在高溫時會被分解，或原料中所含成分具有相近的沸點，甚至各成分將形成共沸物，皆使加熱蒸餾不可行，因此需要借助適宜的萃取劑來促進分離。良好的萃取劑必須具有高選擇性，亦即萃取劑溶解目標成分的能力極強，溶解其他成分的趨勢很弱。添加適合的萃取劑後，因爲不易溶解其他成分，經過充分接觸後可能形成兩相，其中一相爲萃取相，含有較多的目標成分，另一相爲萃餘相，含有較少的目標成分，兩相間的濃度差異可使用分配係數 K（distribution coefficient）和選擇率 β（selectivity）作爲指標。定義原混合物中含有目標成分 A 和非目標成分 C，萃取時添加的溶劑爲 B，達成平衡後，萃取相中 A 的質量分率成爲 y_A，萃餘相中 A 的質量分率成爲 x_A，依此可計算分配係數 K：

$$K = \frac{y_A}{x_A} \tag{4-38}$$

若萃取相中 C 的質量分率爲 y_C，萃餘相中 C 的質量分率爲 x_C，則可計算選擇率 β：

$$\beta = \frac{y_A / x_A}{y_C / x_C} \tag{4-39}$$

在溶劑 B 加入 A、C 混合物後，形成新的三成分系統。依據各成分的含量，此系統只可能出現單一均勻相，或分開成兩相。當加入的溶劑 B 很少或很多時，傾向形成一相；當溶質 A 的含量很高，加入的溶劑 B 不多時，也會形成一相；當溶質 A 的含量不高，加入的溶劑 B 適中時，則會形成兩相，萃取程序必須操作在此範圍，才能形成萃取相和萃餘相。爲了便於設計定溫下的萃取程序，常使用三成分的直角三角形座標來描述相平衡，在此圖中存在一條溶解平衡曲線，分隔出兩相區與單相區，若三成分系統中的 A 和 B 含量適當，則會形成兩相，此混合物可繪於三角圖內的一點 M。對於 A 成分，達成平衡後在萃取相中的質量分率爲 y_A，在萃餘相中的質量分率爲 x_A，再透過 y_A 對 x_A 作圖可產生分配平衡線。利用分配曲線，可在三角圖中的溶解平衡曲線上標示出互相平衡的兩點，連接這兩點可定義出特定 x_A 下的結線（tie line）。繪出眾多結線後，從中可找出通過 M 點者，此結線將與溶解平衡曲線相交於

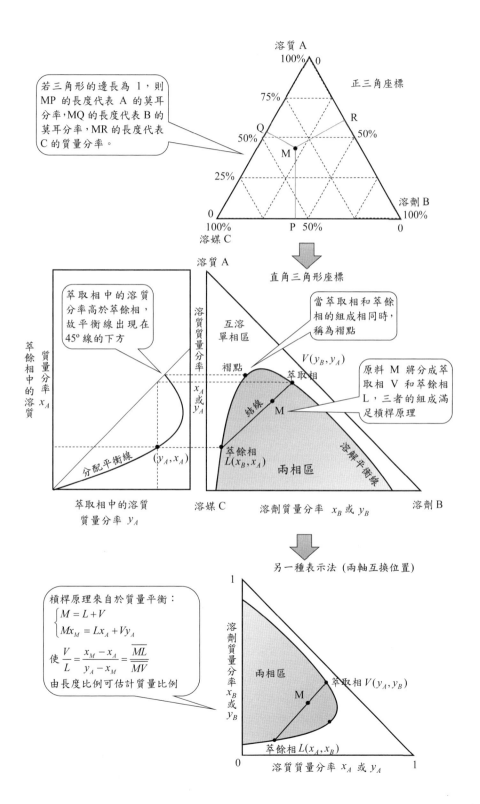

若三角形的邊長為 1，則 MP 的長度代表 A 的莫耳分率，MQ 的長度代表 B 的莫耳分率，MR 的長度代表 C 的質量分率。

正三角座標

溶質 A
100% 0

溶劑 B
100%

溶媒 C

直角三角形座標

萃取相中的溶質分率高於萃餘相，故平衡線出現在 45° 線的下方

當萃取相和萃餘相的組成相同時，稱為褶點

原料 M 將分成萃取相 V 和萃餘相 L，三者的組成滿足槓桿原理

互溶單相區

褶點

$V(y_B, y_A)$ 萃取相

結線

萃餘相 $L(x_B, x_A)$

溶解平衡線

兩相區

分配平衡線

(y_A, x_A)

萃取相中的溶質質量分率 y_A

溶媒 C 溶劑質量分率 x_B 或 y_B 溶劑 B

另一種表示法（兩軸互換位置）

槓桿原理來自於質量平衡：
$$\begin{cases} M = L + V \\ Mx_M = Lx_A + Vy_A \end{cases}$$

使 $\dfrac{V}{L} = \dfrac{x_M - x_A}{y_A - x_M} = \dfrac{\overline{ML}}{\overline{MV}}$

由長度比例可估計質量比例

兩相區

萃取相 $V(y_A, y_B)$

M

萃餘相 $L(x_A, x_B)$

溶質質量分率 x_A 或 y_A

兩點，右上側的點 V 代表萃取相，左下側的點 L 代表萃餘相，從這兩點的座標可以得知兩相的組成。在分配曲線上，存在一點使 $y_A = x_A$，對應到三角圖後，會將結線縮短成一點，稱為褶點（plait point），代表添加某種比例的溶劑 B 後，將產生組成相同的兩相，此時無法藉由萃取分離出 A，類似蒸餾中的共沸物。然而，y_A 對 x_A 之分配曲線還存在多種變化，使三角圖中結線之方向不一定從左下往右上，甚至 B 和 C 也可能互溶，形成更複雜的平衡曲線。以下僅探討結線方向從左下往右上的案例，例如醋酸（A）溶解於苯（C）中，欲用水（C）來萃取醋酸。

對於溶劑 C，除了提供高選擇率，另需考量之處在於萃取完成後，如何與溶質 A 分離。一般採用的分離方法是蒸餾，如果 C 能成功地與 A 分開，則可回用於萃取程序，節省操作成本。因此，C 和 A 的沸點差異要足夠大，不能形成共沸物，且 C 和 B 的密度差異要足夠大，使萃取相和萃餘相容易分層。

工業應用中的萃取裝置多屬於連續式操作，包括混合沉降式萃取器、噴灑式萃取塔、多孔板萃取塔、攪拌式萃取塔、脈動式萃取塔等。分離出萃取相與萃餘相的動力通常來自重力沉降，也可透過離心裝置加速分散。這些萃取裝置還可以多級串聯使用，以提高目標物的純度。原料與溶劑會從反方向輸入，形成逆流式操作，增加兩相的接觸機會。在塔中操作時，原料與溶劑可區分為輕液和重液，輕液從塔底輸入，重液從塔頂輸入，塔內可以安裝層板，也可以放置填料，兩種方式皆可促進接觸。在動態程序中，目標成分穿越兩液相界面之速率不快，所以常採用攪拌或抽動方式，形成小尺寸的分散相，以加快界面的質傳速率。

對單級程序而言，若原料的流率為 L_0，所含目標成分的濃度為 x_0，萃取溶劑的流率為 V_2，若此溶劑曾被回收再用，則可能含有濃度為 y_2 的目標成分。依據質量均衡，在萃取器中形成的三成分系統將具有總流率 $M = L_0 + V_2$，所含目標成分的平均濃度 x_M 為：

$$x_M = \frac{x_0 L_0 + y_2 V_2}{L_0 + V_2} \tag{4-40}$$

相似地，也能計算出溶劑在系統中的濃度，因而可在三角座標圖中繪出代表混合物的 M 點，並依據熱力學資料找出通過 M 點的結線，以及結線和溶解平衡曲線的兩個交點，從交點即可得知萃取相中目標成分的濃度為 y_1，萃餘相中的濃度為 x_1，接著從目標成分的質量均衡關係可知：

$$x_0 L_0 + y_2 V_2 = x_M M = x_1 L_1 + y_1 V_1 \tag{4-41}$$

其中 L_1 和 V_1 分別為萃餘相和萃取相的流率。由於 $L_1 + V_1 = M$，故可求解出 L_1 和 V_1，同時求得萃取出的目標成分比例，稱為萃取率 r：

$$r = \frac{y_1 V_1}{x_0 L_0} \tag{4-42}$$

　　為了降低溶劑的使用量，並得到高純度產品，可採用多級逆流萃取。逆流操作是指 A 與 C 組成的原料輸入第 1 級萃取器，流率為 L_0；但萃取劑從最後一級（第 N 級）萃取器輸入，流率為 V_{N+1}；再定義第 k 級萃取器經過充分接觸後，達成平衡的兩相向外輸出，進入第 k + 1 級萃取器的萃餘相流率為 L_k，進入第 k − 1 級萃取器的萃取相流率為 V_k。因此，整體程序輸出的萃餘相流率為 L_N，萃取相流率為 V_1。若進料和萃取劑的流率與組成皆已知，則可在三角形相圖中先繪出點 L_0 與 V_{N+1}，接著可依據質量均衡找出所有萃取器之中假想混合物 M 之組成與流率，並在圖中繪出點 M。

　　設計萃取程序時，若為了取得產品 A，通常要設定第 1 級萃取相的出口濃度 y_1；若為了降低 A 在 B 中的含量，則要設定第 N 級萃餘相的出口濃度 x_N。只需設定 y_1 或 x_N 之一，另一項即可從 A 成分的質量均衡求得，亦即：

$$x_0 L_0 + y_{N+1} V_{N+1} = x_N L_N + y_1 V_1 \tag{4-43}$$

對於系統總質量，也可得知 $L_0 + V_{N+1} = L_N + V_1$，所以在三角相圖中 M、$V_1$、$L_N$ 三點共線。若已知 y_1 或 x_N 之一，則可從圖中找到所有出口流率和組成。

　　之後再逐級計算其質量平衡，對第一級：$L_0 + V_2 = L_1 + V_1$；對前二級：$L_1 + V_3 = L_2 + V_2$，所以可發現 $L_0 - V_1 = L_1 - V_2 = L_2 - V_3$。歸納此結果，可假設操作點 Δ：

$$\Delta = L_0 - V_1 = L_1 - V_2 = L_2 - V_3 = \cdots = L_N - V_{N+1} \tag{4-44}$$

　　將此操作點 Δ 繪於三角相圖中，Δ 應落在的 L_0 與 V_1 連線上，也落在 V_2 與 L_1 的連線上，也在 V_3 與 L_2 的連線上，也在 V_{N+1} 與 L_N 的連線上。由於先前已求出圖中的 L_0、V_1、V_{N+1} 與 L_N，故可決定操作點 Δ；接著透過結線，從 V_1 求出 L_1；連接 L_1 與 Δ，交平衡曲線於 V_2；後續依此類推，即可得到總級數 N。若最終無法到達 L_N，則以內插法估計總級數 N。

　　有一種特例，發生於萃取劑 C 與原料中的 B 完全不互溶時，代表萃取相中只有 A 和 C，萃餘相中只有 A 和 B。在出口萃餘相 L_N 中，A 的含量為 x_N，B 的含量為 $1 - x_N$，各級的萃餘相可類推；在出口萃取相 V_1 中，A 的含量為 y_1，C 的含量為 $1 - y_1$，各級的萃取相亦可類推。既然 C 與 B 互不相溶，代表輸入的 C 移動到出口皆維持流率 $V' = V_{N+1}(1 - y_{N+1})$，輸入的 B 移動到出口亦維持流率 $L' = L_0(1 - x_0)$，因此 A 成分的質量均衡將重新表示為：

$$L'\left(\frac{x_0}{1-x_0}\right) + V'\left(\frac{y_{N+1}}{1-y_{N+1}}\right) = L'\left(\frac{x_N}{1-x_N}\right) + V'\left(\frac{y_1}{1-y_1}\right) \tag{4-45}$$

已知 x_0 和 y_{N+1}，且設定了 x_N，即可從上式求出 y_1。對於前 k 級萃取器組成的子系統，A 成分的質量均衡將成為：

$$L'\left(\frac{x_0}{1-x_0}\right) + V'\left(\frac{y_{k+1}}{1-y_{k+1}}\right) = L'\left(\frac{x_k}{1-x_k}\right) + V'\left(\frac{y_1}{1-y_1}\right) \tag{4-46}$$

此式描述了 y_{k+1} 對 x_k 之關係，描繪於 y 對 x 圖中，屬於一種操作線。在此圖中，還

多級逆流萃取程序

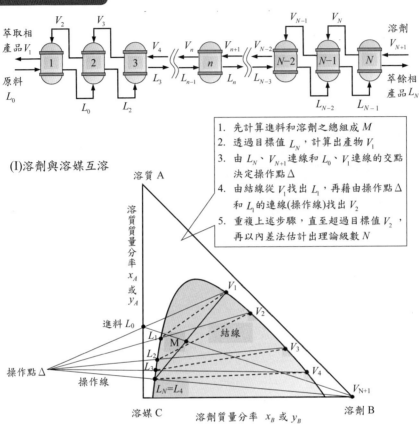

(I)溶劑與溶媒互溶

1. 先計算進料和溶劑之總組成 M
2. 透過目標值 L_N，計算出產物 V_1
3. 由 L_N、V_{N+1} 連線和 L_0、V_1 連線的交點決定操作點 Δ
4. 由結線從 V_1 找出 L_1，再藉由操作點 Δ 和 L_1 的連線(操作線)找出 V_2
5. 重複上述步驟，直至超過目標值 V_2，再以內差法估計出理論級數 N

(II)溶劑與溶媒不互溶

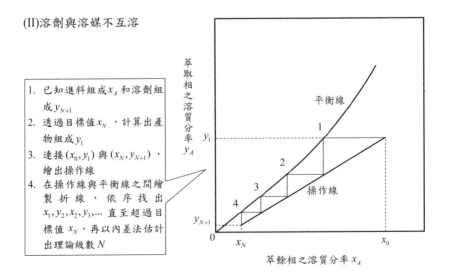

1. 已知進料組成 x_A 和溶劑組成 y_{N+1}
2. 透過目標值 x_N，計算出產物組成 y_1
3. 連接 (x_0, y_1) 與 (x_N, y_{N+1})，繪出操作線
4. 在操作線與平衡線之間繪製折線，依序找出 $x_1, y_2, x_2, y_3, \ldots$ 直至超過目標值 x_N，再以內差法估計出理論級數 N

可畫出 A 成分在兩相的分配平衡曲線。在圖中可先確定操作線上的兩點 (x_0, y_1) 和 (x_N, y_{N+1})，從前者開始先畫出水平線，將會交分配平衡曲線於點 (x_1, y_1)，再從 (x_1, y_1) 出發畫垂直線可交操作線於 (x_1, y_2)，反覆執行此步驟，預期將會到達 (x_N, y_{N+1})，並可得到理論級數 N。若無法到達 (x_N, y_{N+1})，再使用內插法求出 N。因此，對於 C 與 B 不互溶的特例，可以不需要三角相圖，即能求出理論級數。

另有一種多級萃取程序，但不屬於逆流操作，而是對每一級萃取器都輸入萃取劑 C，所得到的萃取相混合後排出，萃餘相則逐級傳遞，稱爲交流式萃取（cross-flow extraction）。已知輸入原料流率 L_0 與其組成，每一級輸入的萃取劑流率 S_k 與其組成，故可在三角相圖中先畫出進料 L_0 和第 1 級萃取劑 S_1，依據流率與組成決定混合物 M_1，通過 M_1 的結線和平衡分配曲線可決定萃取相 V_1 和萃餘相 L_1。接著探討第 2 級，其進料爲第 1 級萃餘相 L_1 和萃取劑 S_2，再依質量均衡找出混合物 M_2，並透過結線求得 V_2 和 L_2。依此類推，可以求出 V_N 和 L_N，其中 L_N 的組成 x_N 爲設定目標，因而得到了理論級數 N。若對 C 與 B 不互溶的特例，只需使用 x-y 圖。已知輸入的原溶劑 B 從入口到出口皆維持流率 $L' = L_0(1 - x_0)$，則對第 k 級萃取器，輸入純萃取劑 C 之流率爲 V'_k，可列出 A 成分的質量均衡關係：

$$L'\left(\frac{x_{k-1}}{1-x_{k-1}}\right) = L'\left(\frac{x_k}{1-x_k}\right) + V'_k\left(\frac{y_k}{1-y_k}\right) \tag{4-47}$$

因爲 x_k 和 y_k 具有分配平衡關係，所以上式說明了 y_k 受到 x_{k-1} 的影響，繪於 $x-y$ 圖中屬於操作線，將通過 $(x_{k-1}, 0)$ 和 (x_k, y_k) 兩點，且相交分配平衡曲線於 (x_k, y_k)。因此，在 $x-y$ 圖中，先從已知的 $(x_0, 0)$ 開始畫操作線，將相交分配平衡曲線於 (x_1, y_1)，再從 (x_1, y_1) 作垂直線得到 $(x_1, 0)$；接著從 $(x_1, 0)$ 畫操作線，交分配平衡曲線於 (x_2, y_2)，再作垂直線得到 $(x_2, 0)$，重複此步驟即可到達預設的 $(x_N, 0)$，求出理論級數 N。

多級交流萃取程序

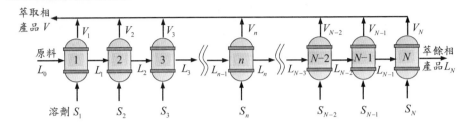

(I)溶劑與溶媒互溶

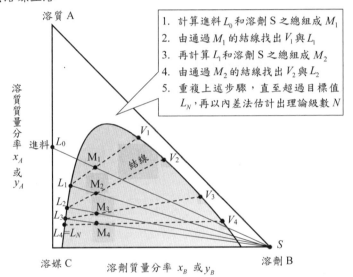

1. 計算進料 L_0 和溶劑 S 之總組成 M_1
2. 由通過 M_1 的結線找出 V_1 與 L_1
3. 再計算 L_1 和溶劑 S 之總組成 M_2
4. 由通過 M_2 的結線找出 V_2 與 L_2
5. 重複上述步驟,直至超過目標值 L_N,再以內差法估計出理論級數 N

(II)溶劑與溶媒不互溶

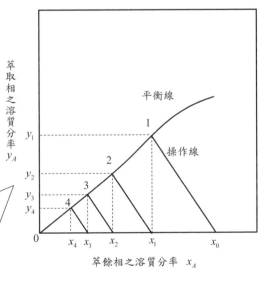

1. 已知進料組成 x_0,由質量均衡可繪出第一級操作線
2. 操作線交平衡線於 (x_1, y_1)
3. 從 $(x_1, 0)$ 畫出第二級操作線,並與平衡線交於 (x_2, y_2)
4. 重複上述步驟,依序找出 $x_3, x_4, \ldots$,直至超過目標值 x_N,再以內差法估計出理論級數 N

範例

有一桶醋酸水溶液 L_0，其質量為 500 kg，醋酸含量為 30 wt%。在其中加入質量為 500 kg 的純異丙醚 V_2 後，混合成 M，水中原本溶解的醋酸會被異丙醚萃取，重新分布在萃取相 V_1 和萃餘相 L_1 中，V_1 中含有 11wt% 的醋酸和 85 wt% 的異丙醚，L_1 中含有 20 wt% 的醋酸和 10 wt% 的異丙醚。已知醋酸（A）、水（B）與異丙醚（C）的平衡關係如下圖，其中的虛線為通過 M 的兩相平衡結線。試計算平衡之後萃餘相之質量與醋酸被萃取的比例。

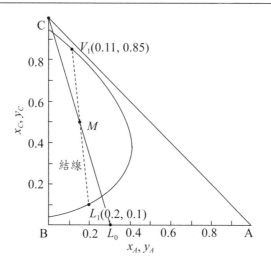

解答

1. 醋酸水溶液原料中的質量分率分別為 $x_{A0} = 0.3$, $x_{B0} = 0.7$, $x_{C0} = 0$，位於圖中的 L_0 點。萃取劑的質量分率分別為 $y_{A2} = 0$, $y_{B2} = 0$, $y_{C2} = 1$，位於圖中的 V_2 點。

2. 混合後，總質量 $M = 1000$ kg，根據質量均衡可得知：
$$\begin{cases} L_0 + V_2 = M \\ L_0 x_{A0} + V_2 y_{A2} = M x_{AM} \\ L_0 x_{C0} + V_2 y_{C2} = M x_{CM} \end{cases}$$

由此可解得，$x_{AM} = 0.15$ 且 $x_{CM} = 0.5$，位於圖中的 M 點。

3. 由通過 M 點的結線可知萃餘相 L_1 之組成為 $x_{A1} = 0.2$, $x_{B1} = 0.7$, $x_{C1} = 0.1$，萃取相 V_1 之組成為 $y_{A1} = 0.11$, $y_{B1} = 0.04$, $y_{C1} = 0.85$，根據質量均衡：
$$\begin{cases} L_1 + V_1 = M \\ L_1 x_{A1} + V_1 y_{A1} = M x_{AM} \\ L_1 x_{C1} + V_1 y_{C1} = M x_{CM} \end{cases}$$

可解出萃餘相 $L_1 = 467$ kg，且萃取相 $V_1 = 533$ kg。

4. 醋酸被萃取的比例為萃取相 V_1 中的醋酸對原料 L_0 中的醋酸之比值，亦即
$$\frac{V_1 y_{A1}}{L_0 x_{A1}} = \frac{(533)(0.11)}{(500)(0.30)} = 39\%。$$

4-3 吸收與氣提

如何在液體和氣體之間轉移特定成分？

　　氣液兩相接觸時，氣相中的溶質被吸收到液相中，例如以水吸收空氣中的氨氣；反之，液相中的溶質排至氣相則稱為氣提（Stripping）或脫收（Desorption）。吸收操作通常是為了去除氣體中的特定成分，得到此目標成分構成的液相產品，或為了去除氣相中的有毒或汙染性成分以純化氣體；氣提之目的相似，兩者都具有分離的效果。吸收程序中使用的液相常稱為溶劑，易於結合目標成分，因此能促使該成分從氣相輸送至液相。目標成分與溶劑的結合分成兩類，第一類僅發生溶解作用，常見的例子是水溶解 SO_2；第二類會發生化學反應，例如溶解了 NaOH 的水可吸收空氣中的 CO_2。當目標成分從氣相輸送至液相時，氣相內會先出現對流式質傳，使目標成分接近兩相的界面。此界面並非二維，而是一層氣膜與一層液膜組成的區域，在此區域內可假設不存在對流現象，僅能依靠擴散。對於第一類吸收，目標成分藉由擴散穿越界面區後，即進入液相的主體區，若液體受到攪拌或抽動，目標成分將再度發生對流性質傳。另一方面，在第二類吸收的案例中，目標成分一離開氣膜而進入液膜時，反應將立刻展開，在擴散的途中，目標成分逐漸消耗，到達某一深度後，其濃度將趨近於0。以上是被吸收成分跨越界面時所發生的微觀現象，但巨觀上僅探討氣相主體區與液相主體區內的成分濃度變化，以設計吸收裝置，巨觀吸收的效果將取決於氣液接觸特性與溶劑的種類，前者牽涉裝置設計與操作條件，後者則相關於目標成分。

　　選擇溶劑時，先決條件是能溶解目標成分，或與該成分發生化學反應，溶解度與反應速率則取決於操作溫度和壓力。此外，在操作中溶劑本身不宜揮發，以免汙染或破壞氣相產物，且須兼具操作安全性與環境友善性。進行吸收時，不宜生成或不應吸收過多熱量，而且吸收目標成分時擁有選擇性和可逆性，以利於後續去除溶劑得到目標產品。

　　設計裝置時，首先考慮氣液兩相之接觸，影響接觸效果的因素包括界面面積、質傳係數和質傳驅動力，這三者愈大，達到吸收平衡的時間愈短。增加界面面積的方式除了裝置的設計，也依賴操作條件。現今常用的裝置包括填充塔、板塔、濕壁塔、噴霧塔、氣泡塔、攪拌槽、旋風洗滌器等，有一些裝置內的氣液兩相會連續性的接觸，另一些則會階段性的接觸，輸送氣液兩相時可以同向流動，也可以反向流動或垂直流動，有些裝置適合連續操作，有些則適合批次作業。各類裝置中，最常使用填充塔，塔中裝置了液體噴灑器、隔板、液體分散器，隔板上方乘載了固體填料，隔板本身則擁有小孔或溝縫，以利流體穿越，填料應具有特殊形狀，例如環形或鞍形等，才能在相鄰填料之間形成縫隙，而且提供足夠大的比表面積，以促進氣液接觸。操作時，液體經由上方的噴灑器送入塔中，在合適的流量下將沿著填料表面流動；另一方面，氣體則從下方通入塔底，穿過隔板後進入填料間的縫隙，並持續接觸液相而發生吸收。此類逆流操作必須控制氣體與液體的流量，才能創造有效的接觸，當液體流量增大後，填料表面的流動液膜將會增厚，使氣體上升的通道縮小，有效接觸量亦縮小；若

觀察塔中的氣體壓差，可發現在相同的氣體流量下，較高的液體流量會導致較大的氣壓差，代表氣體阻力大，或氣體的通路小。另一方面，控制液體流量爲定值，可發現氣體流量增大時所需氣壓差較大，且在氣體流速增加到某一程度時，將會顯著阻礙液體下落，此時稱爲負荷點（loading point），若繼續增大氣體流量，到某一程度時，液體完全無法下落，且被氣體沖出塡充塔，此時稱爲溢流點（flooding point）。塔中的氣壓差牽涉鼓風機所需能量，欲得到最適操作，氣體流量通常會設定在負荷點附近。濕壁塔的原理類似塡充塔，唯有液體沿著設計好的管壁往下滑，路徑較短，代表接觸面積較小，但此面積可受控制。

另一類吸收裝置是在連續液體中形成氣體分散相，或在連續氣體中形成液體分散相，前者爲氣泡塔，後者爲噴灑塔。當分散相的尺寸愈小時，兩相接觸面積愈大，但也容易被連續相帶至反方向，失去分離的效果，因而需要精準的流量控制。

在氣液接觸時，期望能達到相平衡，才能產生最佳吸收效果。相平衡受限於相律：$F = C - P + 2$，其中的 F 爲自由度，亦即控制系統的變數量，C 是成分總數，P 是相的總數。例如在 CO_2-N_2-H_2O 之氣液兩相中，$C = 3$ 且 $P = 2$，故 $F = 3$，代表此系統的狀態將由 3 個變數來決定，例如溫度、壓力與液相中的 CO_2 含量。當目標成分 A 的濃度不高時，可採用亨利定律描述氣液平衡：

$$p_A = Hx_A \tag{4-48}$$

其中 p_A 是 A 在氣相中的分壓，x_A 是 A 在液相中的莫耳分率，H 爲亨利定律常數。上式的兩側皆除以氣相總壓力後，可轉換成 $y_A = H'x_A$，其中 H' 是亨利常數對系統總壓的比值。

巨觀而言，吸收塔的內部達成氣液平衡時，可藉由質量均衡與熱力學關係得知入口與出口的氣液流量和組成。假設入口液體具有流率 L_0，內含莫耳分率爲 x_0 的目標成分，入口氣體具有流量 V_2，內含莫耳分率爲 y_2 的目標成分，經過充分混合後，可排出流量爲 V_1 的氣體，內含莫耳分率爲 y_1 的目標成分，以及流量爲 L_1 的液體，內含莫耳分率爲 x_1 的目標成分。根據總量均衡和目標成分的均衡可知：

$$L_0 + V_2 = L_1 + V_1 \tag{4-49}$$
$$L_0 x_0 + V_2 y_2 = L_1 x_1 + V_1 y_1 \tag{4-50}$$

定溫下，若氣液接觸時間足夠，則可達成相平衡，使目標成分在兩相的含量滿足某種熱力學關係：$y_1 = f(x_1)$。設計一座吸收塔，可先設定氣相中殘留的含量 y_1，作爲吸收程序的目標，故由 (4-49) 式與 (4-50) 式，以及相平衡之熱力學關係式，應可求出 V_1、L_1、x_1。

假設吸收程序中，所用溶劑 C 不會揮發，且載流氣體 B 不會溶於 C 中，只有目標成分 A 能穿越氣液界面，因此可先計算進入吸收塔的 C 流量 $L' = L_0 / (1 - x_0)$，和進入的 B 流量 $V' = V_2 / (1 - y_2)$，使均衡方程式化簡爲：

$$L'\left(\frac{x_0}{1-x_0}\right) + V'\left(\frac{y_2}{1-y_2}\right) = L'\left(\frac{x_1}{1-x_1}\right) + V'\left(\frac{y_1}{1-y_1}\right) \tag{4-51}$$

由於 x_1 和 y_1 符合熱力學關係：$y_1 = f(x_1)$，因此結合 (4-51) 式之後，即可解出 x_1 和 y_1，繼而求出 L_1 和 V_1。當目標成分的含量不高時，可採用亨利定律 $y_1 = H'x_1$。

若有多座吸收塔串接，並引導其中的氣液兩相逆向流動，則可成為逆流式多級吸收程序。另對吸收板塔，每一板皆可視為單級操作，所以一座塔中擁有多級裝置串聯。已知入口液體具有流量 L_0，內含莫耳分率為 x_0 的目標成分，入口氣體具有流量 V_{N+1}，內含莫耳分率為 y_{N+1} 的目標成分；並假設每一級操作皆達到平衡，最終可排出流量為 V_1 的氣體，內含莫耳分率為 y_1 的目標成分，以及流量為 L_N 的液體，內含莫耳分率為 x_N 的目標成分。根據總量均衡和目標成分的均衡可知：

$$L_0 + V_{N+1} = L_N + V_1 \tag{4-52}$$
$$L_0 x_0 + V_{N+1} y_{N+1} = L_N x_N + V_1 y_1 \tag{4-53}$$

對於前 n 級裝置，亦可進行均衡，經整理後得到：

$$y_{n+1} = \frac{L_n x_n}{V_{n+1}} + \frac{V_1 y_1 - L_0 x_0}{V_{n+1}} \tag{4-54}$$

此式是關連 y_{n+1} 和 x_n 的方程式，稱為操作線。不斷降低 n 值，可發現此方程式依序關聯到 y_n 和 x_{n-1}、y_{n-1} 和 x_{n-2}、……、y_2 和 x_1、y_1 和 x_0。利用氣相含量 y 對液相含量 x 之座標圖，可將操作線繪於其中，並可得知此線通過 (x_n, y_{n+1})、(x_{n-1}, y_n)、……、(x_0, y_1)。欲設計多級吸收程序，必須先設定排出氣相的成分含量 y_1，代表圖中的點 (x_0, y_1) 已知，另透過均衡式，可求出最後一級的液相含量 x_N，故點 (x_N, y_{N+1}) 也被確定。將氣液平衡曲線共同繪於此圖中，對於第 N 級裝置，離開的氣相含量 y_N 與液相含量 x_N 達成平衡，故可從點 (x_N, y_{N+1}) 畫垂直線交平衡曲線於 (x_N, y_N)；又因為 (x_{N-1}, y_N) 位於操作線上，故可從 (x_N, y_N) 畫水平線交操作線於 (x_{N-1}, y_N)，因而求出 x_{N-1}；再利用相同的方法，在平衡線與操作線之間陸續畫出階梯狀折線，可依序求出 y_{N-1}、x_{N-2}、……、x_1，最終再求出 y_1，但此值通常不等於設定值，必須採用內插法估計出理論級數 N。在逆流填充吸收塔中，若氣液兩相都是稀薄溶液，則其操作線之斜率趨近於 L'/V'，代表操作線接近一條直線。若目標成分被液相吸收，此操作線會位於平衡線上方；若目標成分被氣提，則操作線會出現在平衡線下方。

另從微觀而言，可得知填充塔中的氣相含量 y 將隨著流動不斷變化，液相含量 x 亦然。截取塔中一小段，高度為 Δz，截面積為 A，由上方進入此段的液體具有通量 L，其中含有目標成分的分率為 x，但離開時成為 $x + \Delta x$；由下方進入的氣體具有通量 V，其中含有目標成分的分率為 $y + \Delta y$，但離開時成為 y。依據總量均衡，可得知：

$$V\Delta y = L\Delta x \tag{4-55}$$

再定義此段的氣液接觸界面上，氣相含量為 y_i，液相含量為 x_i，從氣相主體區移動到界面區的質傳係數為 k_y，從界面區移動到液相主體區的質傳係數為 k_x，則此段的吸收通量 ΔN 可表示為：

$$\Delta N = k_y c(y - y_i)a\Delta z = k_x c(x_i - x)a\Delta z \tag{4-56}$$

層板型吸收塔

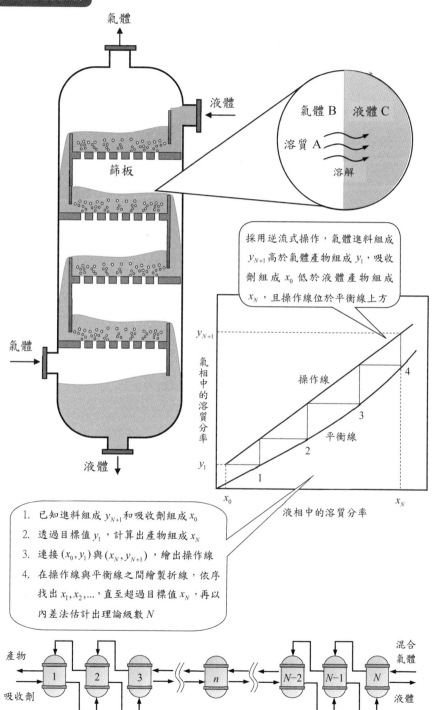

氣體

液體

氣體 B　液體 C

溶質 A

溶解

篩板

氣體

液體

採用逆流式操作，氣體進料組成 y_{N+1} 高於氣體產物組成 y_1，吸收劑組成 x_0 低於液體產物組成 x_N，且操作線位於平衡線上方

氣相中的溶質分率

y_{N+1}

操作線

4

3

平衡線

2

y_1

1

x_0　　　　　　　　　　x_N

液相中的溶質分率

1. 已知進料組成 y_{N+1} 和吸收劑組成 x_0
2. 透過目標值 y_1，計算出產物組成 x_N
3. 連接 (x_0, y_1) 與 (x_N, y_{N+1})，繪出操作線
4. 在操作線與平衡線之間繪製折線，依序找出 $x_1, x_2,...$，直至超過目標值 x_N，再以內差法估計出理論級數 N

產物　　　　　　　　　　　　　　　　　　　混合氣體

1　2　3　　　n　　　$N-2$　$N-1$　N

吸收劑　　　　　　　　　　　　　　　　　　液體

其中的 a 為氣液接觸的比表面積，c 為平均濃度。由前述的質量均衡還可得知：$\Delta N = V \Delta y = L \Delta x$。經整理後可算出此段的高度 Δz：

$$\Delta z = \frac{V \Delta y}{k_y c (y - y_i) a} = \frac{L \Delta x}{k_x c (x_i - x) a} \tag{4-57}$$

當 $\Delta z \to 0$ 時，$\Delta x \to 0$ 且 $\Delta y \to 0$。對整座吸收塔，假設從塔頂至塔底的質傳係數能維持定值，則可透過積分求得總高度 z：

$$z = \frac{V}{k_y ca} \int_{y_2}^{y_1} \frac{dy}{y - y_i} = \frac{L}{k_x ca} \int_{x_1}^{x_0} \frac{dx}{x_i - x} \tag{4-58}$$

上式中的兩個積分結果皆不具因次，代表單位輸送量，故可定義為質傳單位數（number of transfer unit），簡稱為 NTU，其值顯示了輸送的阻力，阻力愈大，所需吸收塔愈高。此外，積分外的常數具有長度因次，可代表單位質傳量所需塔高，定義為單位質傳量高度（height per transfer unit），簡稱為 HTU。由前已知，單級操作的均衡方程式可化簡成操作線，通過點 (x_0, y_1) 和點 (x_1, y_2)；氣液平衡線會通過 (x_i, y_i)，故可藉由操作線與平衡線求出 NTU。若再藉由實驗找出 HTU，則可進一步估計出塔高 $z = \text{NTU} \times \text{HTU}$。

➕ 知識補充站

　　吸收塔中使用的填料可以提升氣液兩相的接觸面積，因而需要製成特殊形狀，或具有足夠的空隙，才能提供高比表面積。早期發展的填料只有簡單的外型，例如圓環形或馬鞍形，雖然易於生產，但其比表面積不夠大，之後又發展出改良的環形與鞍形填料，例如圓環的表面開孔或內折，鞍形的兩側不對稱，一方面增加比表面積，另一方面也避免填料互疊而無法創造流道。更新的設計也朝向改善比表面積與孔隙度。此外，考量填充後的操作，填料的材質也是改良的重點，對於不耐熱或不耐蝕的材料，或對於碰撞後易碎的材料，都可能會影響分離產物的品質，另也需考慮吸收塔的負荷，密度較小的填料比較有利，因此早期常用的陶瓷已被換成金屬或塑膠。此外，原本隨機填充的方式也可改良成結構化填充，亦即直接製成週期性大尺寸填料板，內部具有波浪狀流道，可以引導液體均勻分布，促進氣液接觸，並且降低壓降。目前在化工製程中，除了吸收或氣提，乾燥、冷卻、洗滌、分餾等塔狀裝置皆有用到這些填料。

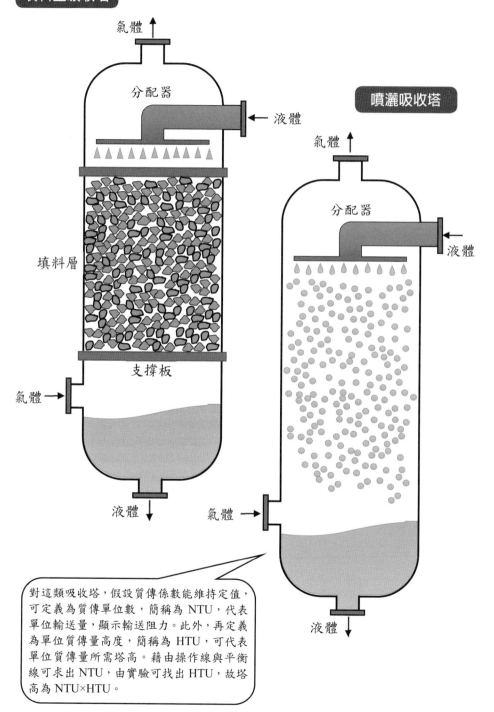

填料型吸收塔

氣體

分配器

液體

噴灑吸收塔

氣體

填料層

分配器

液體

支撐板

氣體

氣體

液體

氣體

液體

對這類吸收塔,假設質傳係數能維持定值,可定義為質傳單位數,簡稱為 NTU,代表單位輸送量,顯示輸送阻力。此外,再定義為單位質傳高度,簡稱為 HTU,可代表單位質傳量所需塔高。藉由操作線與平衡線可求出 NTU,由實驗可找出 HTU,故塔高為 NTU×HTU。

範例 1

總壓爲 2 atm 的空氣中含有分壓爲 1.51×10^4 Pa 的 SO_2，在 293 K 下送入一個單級平衡吸收器，以純水作爲吸收劑。若進料氣體共計 30 kmol，吸收用的純水共計 11 kmol，且已知 SO_2 的亨利常數爲 30 atm/mol%。試計算排出的氣相之組成與總量。

解答

1. 已知進料氣體 $V_2 = 30$ kmol，SO_2 的莫耳分率 $y_2 = \dfrac{1.51 \times 10^4}{2.02 \times 10^5} = 0.0747$，其中的純空氣總量爲 $V' = V_2(1 - y_2) = (30)(1 - 0.0747) = 27.76$ kmol；進料液體 $L_0 = 11$ kmol，SO_2 的莫耳分率 $x_0 = 0$，所以純水總量 $L' = 11$ kmol。

2. 根據 SO_2 的質量均衡：$L'\left(\dfrac{x_0}{1 - x_0}\right) + V'\left(\dfrac{y_2}{1 - y_2}\right) = L'\left(\dfrac{x_1}{1 - x_1}\right) + V'\left(\dfrac{y_1}{1 - y_1}\right)$，可化簡爲：

   $11\left(\dfrac{x_1}{1 - x_1}\right) + 27.76\left(\dfrac{y_1}{1 - y_1}\right) = 2.24$，其中 x_1 是排出液體中的 SO_2 莫耳分率，y_1 是排出氣體中的 SO_2 莫耳分率。

3. 根據亨利定律，平衡時 SO_2 的氣相分壓正比於液相中的莫耳分率，且已知亨利常數爲 30 atm/mol%，故可推得 $y_1 = \dfrac{30}{2}x_1 = 15x_1$。此式代入質量均衡方程式後，可解得：$\begin{cases} x_1 = 0.00487 \\ y_1 = 0.0730 \end{cases}$。

4. 所以排出氣體中的總量爲 $V_1 = \dfrac{V'}{1 - y_1} = \dfrac{27.76}{1 - 0.073} = 29.95$ kmol。

範例 2

在一個逆流多級板塔中，採用純水來吸收空氣中所含 A。已知進料氣體流率爲 40 kmol/h，其中包含 1.0 mol% 的 A，進料純水之流率爲 100 kmol/h，欲吸收進料氣體中 90% 的 A。若程序固定操作在 1 atm、300 K 下，A 在氣相中的莫耳分率 y 與液相中的莫耳分率 x 成正比：$y = 2x$，試計算板塔所需理想級數。

解答

1. 已知進料純水之流率爲 $L_0 = L' = 100$ kmol/h，且 $x_0 = 0$；進料氣體之流率爲 $V_{N+1} = 40$ kmol/h，且 $y_{N+1} = 0.01$，亦即進料的 A 成分流率爲 0.4 kmol/h，所以純空氣的流率爲 $V' = 39.6$ kmol/h。

2. 經過多級吸收後，排出的氣相中僅含有進料 A 成分的 10%，因此被吸收的 A 成分

之流率爲 (0.4)(0.9) = 0.36 kmol/h，殘留在氣相的流率爲 0.04 kmol/h。

3. 因此離開的氣相總流率爲 V_1 = 39.6 + 0.04 = 39.64 kmol/h，所含 A 成分的莫耳分率爲 $y_1 = \dfrac{0.04}{39.64} = 0.00101$。

4. 離開的液相總流率爲 L_N = 100 + 0.36 = 100.36 kmol/h，所含 A 成分的莫耳分率爲 $x_N = \dfrac{0.36}{100.36} = 0.00359$。

5. 因爲氣液平衡關係爲 $y = 2x$，故可由作圖法得到 4.54 個理想級數。

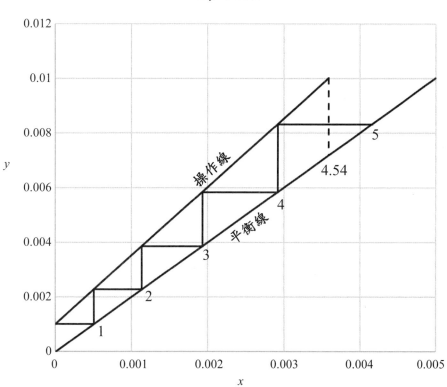

x-y 平衡圖

4-4 　吸附與脫附

如何移除液體混合物中的特定成分？

　　當氣體或液體混合物接觸固體時，流體相中的溶質可能受到固體的吸引，滯留於固體表面，因而脫離原本的混合物，但這些滯留成分並未進入固體內部，僅附著於表面，因此稱為吸附（adsorption），但若深入固體內部，互相融合而成為新混合物，則稱為吸收（absorption），某些固體可以同時產生吸附與吸收的作用。可進行吸附的固體材料稱為吸附劑（adsorbent）或吸附媒，流體相中被吸附的溶質則稱為吸附質（adsorbate）。常見的案例包括使用活性碳去除空氣中的臭味分子，或使用樹脂吸附水中特定金屬離子，所使用的活性碳或樹脂即為吸附劑。

　　吸附現象主要來自於吸附劑和吸附質之間的分子吸引力，僅藉由凡德瓦力者屬於物理吸附，能形成化學鍵者則屬於化學吸附。發生物理吸附時，吸附質將停留在吸附劑的表面，也可能停留於已被吸附的溶質表面，亦即形成多層吸附；發生化學吸附時，吸附質會與吸附劑產生化學鍵，較傾向於單層吸附。由於吸附劑的表面積有限，若只產生單層吸附，吸附量將會達到飽和，進入吸附平衡；若屬於多層吸附，離吸附劑表面較遠處的吸附力較弱，所以總吸附量也會達到飽和，進入吸附平衡狀態。

　　由於吸附現象發生於吸附劑的表面，所以常採用多孔性固體作為吸附劑，因為這類固體具有更大的比表面積，能提供更多的吸附位置，例如活性碳或矽膠，後者是由 SiO_2 和 H_2O 構成。另有一種 Al_2O_3、SiO_2 與 H_2O 組成的結晶物，稱為沸石（zeolite），也具有孔洞，且其孔徑固定，可用於吸附特定分子，也稱為分子篩。這些吸附劑的特性，還取決於操作時的溫度和壓力，例如在定溫下進行吸附程序，氣相吸附質的分壓將會影響被吸附量，液相吸附質的濃度亦然，設計吸附程序時需先求得吸附曲線。對於最理想的單層吸附，可採用 Langmuir 吸附理論。假設吸附劑表面的所有位置 S 皆等價，且只吸附單一種吸附質 M，被吸附物 M-S 之間無作用力，另也允許被吸附物脫離表面，則可依此建立模型。對於含有 M 的氣體混合物，已知 M 的分壓為 p，吸附劑的表面已有 θ 的比例被佔據，代表剩下 $1 - \theta$ 的比例仍可提供吸附，另已知總吸附量為 q_0，則 $q_0(1 - \theta)$ 相當於可吸附位置 S 的濃度。因此，吸附程序：M + S → M − S 可視為二級反應，使吸附速率成為：

$$r_{ads} = k_a p q_0 (1 - \theta) \tag{4-59}$$

其中的 k_a 是吸附的速率常數。另一方面，只有已吸附物可能發生脫附程序：
M − S → M + S，故其速率可表示為：

$$r_{des} = k_d q_0 \theta \tag{4-60}$$

其中的 k_d 是脫附的速率常數。達成平衡時，吸附速率等於脫附速率，重新整理 (4-59) 式和 (4-60) 式後，可得到吸附量 q：

$$q = q_0\theta = \frac{q_0 bp}{1+bp} \tag{4-61}$$

其中 $b = k_a / k_d$。由此式可發現，M 的分壓 p 愈大時，吸附比例 θ 愈大，最終將趨近於 100%。實驗測得不同分壓 p 下的吸附量 q，再以 $1/q$ 對 $1/p$ 作圖，若整體實驗數據接近一條直線，則符合 Langmuir 單層吸附，且可觀察到吸附飽和的現象。但所得圖形並非直線時，代表此組合適用其他的吸附理論。例如吸附量 q 正比於分壓 p 之 n 次方時，稱為 Freundlich 吸附關係，可表示成：$q = kp^n$。欲求得比例常數 k 和指數 n，可將 p 和 q 的實驗數據繪於全對數圖中，應能呈現一條直線，從斜率與截距可分別求出 n 和 k。此外，也有其他類型的吸附關係，用於解釋多層吸附和非多孔固體之吸附。上述吸附理論運用在液體混合物的吸附時，需以吸附質的濃度 c 取代 p。

工業中使用吸附之目的在於從流體相中去除特定成分，例如水的純化、空氣除臭或天然氣除硫等。常用的方式是在容器中填充珠狀的吸附劑，安置成固定床，流體進入固定床後，溶質會先擴散至吸附劑表面，再進入其孔隙，最終附著於孔洞表面上。目前商用的吸附劑包括可去除有機物的活性碳和沸石、可去除水的矽膠和活化鋁，以及高分子樹脂等，這些材料的比表面積皆很大。操作時，必須給予固體和流體足夠的接觸時間，以利於達成吸附平衡，之後再藉由過濾器分開固體和流體。若此操作屬於批次式，且液體原料中含有初濃度為 c_F 之目標成分，達成吸附平衡後的濃度將成為 c；另一方面，吸附劑最初的吸附量為 q_F，平衡後的吸附量為 q，依據質量均衡可得知：

$$q_F M + c_F S = qM + cS \tag{4-62}$$

其中 M 是吸附劑的質量，S 是原料的體積。此式畫在 q 對 c 座標圖中，將成為一條直線，可稱為操作線，而且此線會相交於吸附平衡曲線，此曲線取決於吸附模型。由其交點可求得平衡時的吸附質濃度 c 和吸附量 q。

若上述吸附裝置串聯數個，則成為多級操作。假設第一級操作後排出的溶液中含有濃度為 c_1 之目標成分，輸入第二級裝置後，可在 q-c 座標圖中畫出第二條操作線，相同地也會穿越吸附平衡曲線於一點，得到排出的濃度 c_2 和吸附量 q_2。設定溶液中殘留的目標成分濃度，即可透過作圖法求出此程序的理論級數 N。

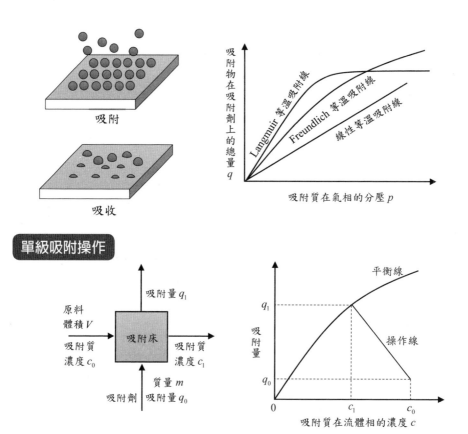

吸附

吸收

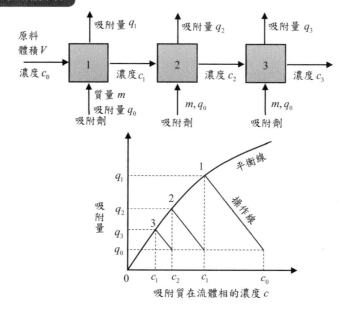

單級吸附操作

多級交流式吸附操作

　　對於固定床式吸附裝置，進行連續操作時，溶液須從入口不斷補充，移動到前端的溶液經歷吸附後，所含吸附質濃度降低，因而形成濃度隨位置而變的分布曲線。另可發現，位於入口處的吸附劑最快達到飽和，所以操作時間夠長，入口附近所含吸附質濃度僅略低於入口濃度 c_i。定義吸附床中從濃度 c_i 降低到目標濃度 c_o 的空間為吸附區（adsorption zone），則上述現象可視為吸附區隨著時間逐漸向前推進，並擁有固定的吸附區長度。當吸附區的前端恰好移至出口處，代表之後排出的溶液中將會含有高於目標濃度 c_o 的溶質，甚至當出口濃度等於入口濃度時，即代表整體吸附床已達飽和，必須更換吸附劑或執行再生程序。然而，上述理論只描述了管狀流道的吸附現象，對於吸附劑組成的填充床，流體通過孔隙時，可能發生軸向混合，使吸附區的長度不固定。再者，吸附床中各位置的濃度難以測量，通常只能從出口或之中的定點取樣分析，因而得到濃度 c 對時間 t 的關係。從 c-t 圖中可發現，某一定點的濃度會隨時間上升，輸入流體後，從無濃度開始增加，再通過目標濃度 c_o，之後以 S 形曲線增加到 c_i。若測量點位於出口，可藉此得知吸附床的飽和時間。此 S 形曲線被稱為貫穿曲線（breakthrough curve），從出口處測得目標濃度 c_o 所需時間稱為貫穿時間，超過此時間後，表示內部的吸附劑已逐漸飽和。

　　為了避免飽和現象，另有一種裝置採用移動床式操作，將吸附劑粒子撒入裝置內，藉由重力由上往下移動，另一方面溶液從底部輸入裝置內，再抽至上方，其運動方向與吸附劑相反，形成逆流式接觸。沉降至底部的吸附劑將以輔助裝置帶離吸附器，在外部執行再生，以利回用於吸附器中。

　　除了固定床和移動床，另有一種流體化床吸附槽，利用速度較快的流體，帶動吸附劑粒子離開原始位置，呈現振動狀態，並使粒子之間的距離增大，床高亦增加，固體與流體的接觸獲得改善。形成流體化床的條件如 2-4 節所述，但需注意，吸附劑粒子之間會因振動而碰撞，碎裂成更小尺寸，且粒徑較小的吸附劑可能會被流體帶出吸附槽。

　　吸附程序完成後，可將吸附劑再生，以循環使用。進行再生的目標是使吸附質脫離吸附劑表面，亦即執行脫附程序，常用的方法包括增溫、減壓、改變酸鹼值、瀝取、鈍氣氣提和置換。通常對系統升溫和降壓可以降低吸附量，但欲更進一步減少吸附物，可使用溶劑來瀝取。有一些吸附物屬於酸性，因此提高環境的 pH 值可以促使其脫附；反之亦然。有一些吸附劑具有較多細孔，孔口容易被堵塞，並非吸附飽和狀態，這時必須藉由酸鹼中和或溶劑瀝取來移除堵塞物。

固定式吸附床

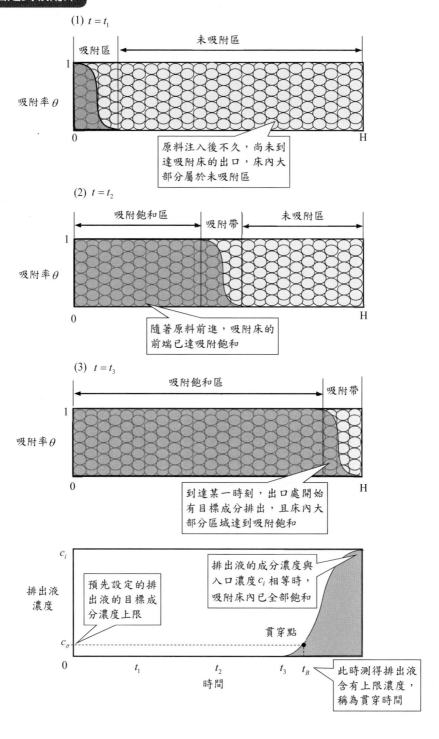

(1) $t = t_1$

吸附區 ← 未吸附區 →

吸附率 θ

原料注入後不久，尚未到達吸附床的出口，床內大部分屬於未吸附區

(2) $t = t_2$

吸附飽和區 ← 吸附帶 → 未吸附區

吸附率 θ

隨著原料前進，吸附床的前端已達吸附飽和

(3) $t = t_3$

吸附飽和區 ← 吸附帶

吸附率 θ

到達某一時刻，出口處開始有目標成分排出，且床內大部分區域達到吸附飽和

c_i

排出液的成分濃度與入口濃度 c_i 相等時，吸附床內已全部飽和

排出液濃度

預先設定的排出液的目標成分濃度上限

貫穿點

c_σ

0 t_1 t_2 t_3 t_B

時間

此時測得排出液含有上限濃度，稱為貫穿時間

範例

以 20 kg 純活性碳組成之吸附器去除 15 m^3 水溶液中含有的 A 成分，已知 A 的起始含量為 0.08 kg/m^3，第一級使用 15 kg 活性碳，第二級使用 5 kg 活性碳，吸附平衡關係為 $q = 0.4c^{1/2}$，其中 q 為吸附量（kg A/kg 活性碳），c 為 A 在水溶液中的濃度（kg/m^3），試求經過二級操作後，水溶液中的 A 含量 c_2 為何？

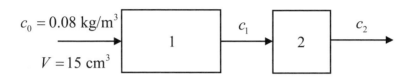

解答

1. 已知處理的水溶液體積 $V = 15$ cm^3，起始含量為 $c_0 = 0.08$ kg/m^3。在第一級操作中，由 A 的質量均衡可知：$c_0V = c_1V + q_1M_1$，其中吸附劑總量 $M_1 = 15$ kg，q_1 為吸附量，c_1 為殘餘濃度，故可得到 $q_1 = -(c_1 - 0.08)$，此即第一級之操作線。
2. 藉由作圖，可找出第一級之操作線與平衡線 $q = 0.4c^{1/2}$ 之交點，因此 $c_1 = 0.0214$ kg/m^3。
3. 對第二級進行 A 的質量守衡可知：$c_1V = c_2V + q_2M_2$，其中吸附劑總量 $M_2 = 5$ kg，q_2 為吸附量，c_2 為殘餘濃度，故可得到 $q_2 = -3(c_2 - c_1)$，此即第二級之操作線。
4. 作圖可找出第二級之操作線與平衡線 $q = 0.4c^{1/2}$ 之交點，因此 $c_2 = 0.0089$ kg/m^3。

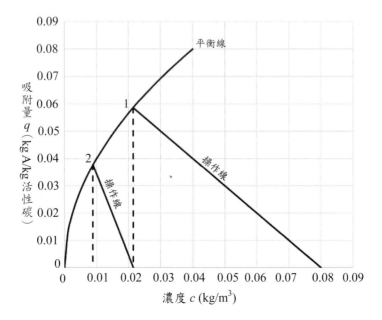

4-5 離子交換

如何移除溶液中的特定離子？

離子交換程序是指液相中的某種離子與固體反應，使此種離子從溶液中去除，所發生的反應具有置換特性，所以會有另一種離子被釋放到溶液中，使溶液仍然保持電中性。例如某種陽離子交換樹脂可以吸收水中的 Ca^{2+}，釋放出 Na^+：

$$Ca^{2+}_{(aq)} + Na_2R_{(s)} \rightleftharpoons CaR_{(s)} + 2Na^+_{(aq)} \tag{4-63}$$

其中的 R 為固體物質，表面具有帶負電的官能基，此反應即為硬水軟化。大部分的離子交換固體是合成樹脂（resin），其表面官能基帶負電時，用以交換溶液中的陽離子；帶正電時，用以交換溶液中的陰離子。除了塊狀交換樹脂，這些具有固定性帶電官能基的固體被製成薄膜時，則成為離子交換膜。

以 HR 樹脂交換水溶液中的 Na^+ 為例，達平衡時，離子交換反應的平衡常數 K 為：

$$K = \frac{c_H q_{NaR}}{c_{Na} q_{HR}} \tag{4-64}$$

其中 c_H 和 c_{Na} 分別表示 H^+ 和 Na^+ 在水溶液中的濃度，q_{HR} 和 q_{NaR} 則分別表示樹脂 R 表面吸附 H 和 Na 的量。但在溶液接觸交換樹脂前，Na^+ 在水溶液中的濃度為 c_0，樹脂 R 表面吸附 H 的總量為 q_0。因此，經過離子交換後可得到：

$$c_H + c_{Na} = c_0 \tag{4-65}$$
$$q_{HR} + q_{NaR} = q_0 \tag{4-66}$$

定義莫耳選擇係數 K_A（molar selectivity coefficient）為 A 離子被吸附量 q_{AR} 對溶液中的 A 濃度 c_A 之比值，經實驗可測得各種陽離子相對於 Li^+ 的莫耳選擇係數，故可表列此數據。當樹脂 BR 被用來交換溶液中的 A 離子時，其平衡常數 K 可表示為兩者的莫耳選擇係數比：

$$K = \frac{K_A}{K_B} = \frac{q_{AR}/c_A}{q_{BR}/c_B} \tag{4-67}$$

當 A 為 Na^+ 且 B 為 H^+ 時，上式將成為 (4-64) 式。通常在平衡時，可以測量溶液中的 A 離子濃度 c_A，即可利用 (4-65) 式和 (4-66) 式計算出離子交換量。

離子交換的裝置通常採用固定床式，內部可填充球狀樹脂。用於交換陽離子的樹脂又可分成強酸型與弱酸型，前者常含有 SO_3^- 固定基，後者常含有 COO^- 固定基，帶負電的固定基連接的陽離子可被交換。用於交換陰離子的樹脂又可分成強鹼型與弱鹼型，前者常含有 $(CH_3)_3N^+$ 固定基，後者常含有 $(HOCH_2CH_2)(CH_3)_2N^+$ 固定基，帶正電的固定基連接的陰離子可被交換。

離子交換：$A_{(aq)} + BR_{(s)} \rightleftharpoons AR_{(s)} + B_{(aq)}$

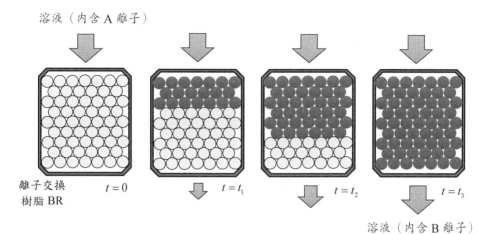

溶液（內含 A 離子）

離子交換
樹脂 BR $t = 0$ $t = t_1$ $t = t_2$ $t = t_3$

溶液（內含 B 離子）

再生：$B_{(aq)} + AR_{(s)} \rightleftharpoons BR_{(s)} + A_{(aq)}$

溶液（內含 B 離子）

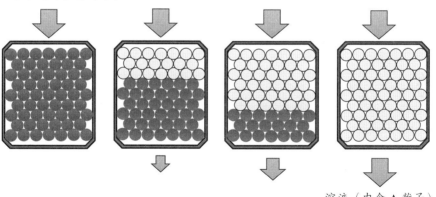

溶液（內含 A 離子）

4-6 層析

如何分散流動液體中的各種成分？

　　層析也屬於流體混合物與固體接觸後，從流體混合物中分離出特定成分的程序，此技術除了用於純化物質，也常用於成分之定量分析，因而發展出氣相層析儀（gas chromatography，簡稱 GC）與液相層析儀（liquid chromatography，簡稱 LC）。執行層析程序時，流體混合物被稱為流動相（mobile phase），與其接觸的固體稱為固定相（stationay phase）。這些固體被填充至管柱內，流體由其縫隙通過，流動相內的溶質將受到固定相表面吸引，因而改變溶質的前進速度，而且每一種溶質承受的吸引力不同，使共同進入管柱的溶質產生速度差，若管柱足夠長，各溶質將依序流出，繼而達成分離的目標。

　　溶質受到固定相的影響程度可使用滯留因子（retention factor）來表示，也稱為容量因子（capacity factor）。滯留因子較小的溶質，優先從管柱排出。有一種固定相是由多孔性固體組成，其表面 S 可以吸附溶質 A，也可以發生脫附。定義吸附 A 的總量為 q_{SA}，未吸附的總量為 q_S，流動相中所含 A 之濃度為 c_A，則當吸附與脫附達成平衡時，其平衡常數 K_A 可表示為：

$$K_A = \frac{q_{SA}}{c_A q_S} \tag{4-68}$$

已知固定相可吸附的總量為 q_0，代表 $q_0 = q_{SA} + q_S$，所以可利用平衡常數 K_A 計算出 A 的吸附總量：

$$q_{SA} = \frac{K_A c_A q_0}{1 + K_A c_A} \tag{4-69}$$

此結果等同於 Langmuir 吸附模型，但也有許多案例的吸附特性必須採用其他的模型才能描述。對於 A 的滯留因子 k_A，除了考量吸附平衡常數 K_A 的影響，還需顧慮流動相體積 V_S 和固定相體積 V_M 的效應，因而定義為：

$$k_A = \frac{V_S}{V_M} K_A \tag{4-70}$$

K_A 愈小，吸附效應愈弱，k_A 也愈小；固定相較少，V_S 對 V_M 之比值較小，也會導致總吸附量降低，使 k_A 減小。若比較流動相中的 A 和 B，發現 $k_A < k_B$，則可判斷 A 成分較快排出。

　　另有一種固定相，其表面吸附或鍵結了特定有機分子，此分子將對流動相中的溶質 A 產生吸引力，使 A 分出部分量 c_{AS} 吸附在固定相表面，部分量 c_{AM} 留存在流動相中，兩者的比值符合分配係數 $K_{d,A}$：

$$K_{d,A} = \frac{c_{AS}}{c_{AM}} \tag{4-71}$$

層 析

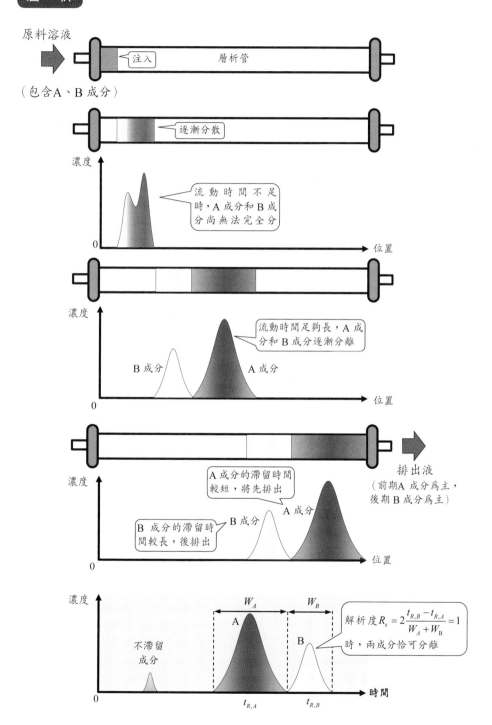

原料溶液

注入　層析管

（包含A、B 成分）

逐漸分散

濃度　　流動時間不足時，A 成分和 B 成分尚無法完全分　　位置

濃度　　流動時間足夠長，A 成分和 B 成分逐漸分離

B 成分　　A 成分　　位置

排出液（前期A 成分為主，後期 B 成分為主）

濃度　　A 成分的滯留時間較短，將先排出

B 成分的滯留時間較長，後排出　B 成分　A 成分　位置

濃度　不滯留成分　A　B　時間

W_A　W_B

解析度 $R_s = 2\dfrac{t_{R,B} - t_{R,A}}{W_A + W_B} = 1$ 時，兩成分恰可分離

$t_{R,A}$　$t_{R,B}$

此 $K_{d,A}$ 類似平衡常數，故 A 的滯留因子 k_A 可定義為：

$$k_A = \frac{V_S}{V_M} K_{d,A} \tag{4-72}$$

流動相中除了含有會被固定相吸引的溶質，也含有不受吸引的成分，其滯留因子為 0，這些成分穿越管柱的時間為 t_0；會被吸引的溶質流動較慢，平均的滯留時間 t_R（retention time）將會相關於滯留因子 k_A：

$$t_R = (1 + k_A)t_0 \tag{4-73}$$

在層析管的出口裝設檢測器，可以得知溶質濃度之變化，當有溶質排出時，會形成濃度的波峰，在最理想的層析操作中，此波峰的形狀將呈現高斯分布曲線，亦即常態分布的鐘型曲線，曲線的頂點發生於時間 t_R。若使用一個等腰三角形來近似 A 成分的鐘型曲線，可得到底部寬度為 W_A，代表絕大部分的 A 成分在時間 $t_R - 0.5W_A$ 至 $t_R + 0.5W_A$ 的範圍內流出管柱。理想的分離效果發生於各成分的分布寬度皆很小時，若 W_A 很大，A 的鐘型曲線可能與 B 重疊，重疊的時間內 A 與 B 同時被排出，不具分離效果。因此，判斷兩成分分離效果的指標稱為解析度 R_s：

$$R_s = 2\frac{t_{R,B} - t_{R,A}}{W_A + W_B} \tag{4-74}$$

通常 $R_s = 1$ 時，兩成分的波峰恰好分開，代表兩者幾乎可被分離。

用於儀器分析的層析通常解析度良好，但用於純化製程的層析則有可能發生分離程度不足的現象，為了判別目標成分的分離程度，可透過濃度峰的標準差 σ 和滯留時間 t_R 來定義層析的理論級數 N：

$$N = \frac{t_R^2}{\sigma^2} \tag{4-75}$$

N 值愈大，效率愈高，濃度峰愈尖銳。若濃度峰屬於常態分布的鐘形曲線，則 $\sigma = W/4$，但底部寬度 W 不易準確量測，通常會取半峰高度的寬度 $W_{1/2}$ 來估計理論級數 N。當 A 成分與 B 成分的底部寬度皆為 W 時，且已知兩成分的滯留因子之比值 $\alpha = k_B/k_A$，則理論級數 N 與解析度 R_s 的關係為：

$$R_s = \frac{\sqrt{N}}{4}\left(\frac{\alpha-1}{\alpha}\right)\left(\frac{k_B}{1+k_B}\right) \tag{4-76}$$

範例

將含有 A 和 B 的混合溶液注入層析管柱中，可測得兩者的滯留時間分別為 16 min 與 18 min。經過分析，A、B 成分的峰底寬度都接近 1.25 min，試計算此程序的解析度和平均理論級數。若解析度提高為原始值的 1.5 倍時，平均理論級數將為何？

解答

1. 解析度 $R_s = 2\dfrac{t_{R,B} - t_{R,A}}{W_A + W_B} = 2 \times \dfrac{18 - 16}{1.25 + 1.25} = 1.6$。

2. 假設濃度峰屬於鐘形曲線，則 A 成分的理論級數

$$N_A = \frac{t_{R,A}^2}{\sigma^2} = 16\left(\frac{t_{R,A}}{W}\right)^2 = (16)\left(\frac{16}{1.25}\right)^2 = 2621.44，\text{B 成分的理論級數}$$

$$N_B = 16\left(\frac{t_{R,B}}{W}\right)^2 = (16)\left(\frac{18}{1.25}\right)^2 = 3317.76，\text{其平均值為 } N = 2970。$$

3. 因為兩成分的滯留因子不變，所以管柱改變時，平均理論級數將正比於解析度的平方，使新的理論級數成為 $N' = (1.5)^2(2970) = 6683$。

4-7　蒸發

如何移除混合物中的大量水分？

進行蒸發時，以去除溶液中的溶劑作為目標，所用方法是加熱溶液至沸騰，產生蒸發現象，之後蒸氣會從沸騰的溶液中脫離，留下濃縮的溶液。大部分的蒸發案例是指水溶液去除水，而留下想要的產物，例如糖水或鹽水的濃縮；少部分才是需要被蒸發的水，例如從海水生產純水。

熱交換器是蒸發裝置中的主要組件，當原料溶液輸入蒸發器，並接觸到熱交換器的管壁時，即可吸收熱蒸氣釋放的能量，直至被加熱到沸騰，蒸發的溶劑會從裝置上方排出，濃縮的溶液則從下方離開。

設計蒸發程序時，首先必須考慮要被去除的水量。當蒸發的水量較少時，通常採用單效蒸發器（single effect evaporator），亦即只使用單一蒸發器；但蒸發的水量很多時，排出的蒸氣擁有足夠能量，可再送至下一個蒸發器，使其熱量轉移到其他溶劑，這類設計稱為多效蒸發器（multiple effect evaporator）。除了蒸發量會影響裝置設計，蒸汽成本和設備成本的評估也是關鍵因素，因為蒸汽成本小於蒸發器的設備成本時，適合採用單效蒸發器，反之則應採用多效蒸發器，以提升蒸汽的利用率。另可使用蒸汽效益（steam economy）來評估蒸汽利用率，對於三效蒸發器，輸入 1 kg 的蒸汽約可蒸發出 3 kg 的水，所以此系統擁有的蒸汽效益是 3 kg 水／1 kg 蒸汽。

此外，蒸發器內也可以不含管式熱交換器，例如採用浸燃式（submerged combustion）裝置，將燃燒氣體導入溶液中，以進行熱傳；或採用夾套式（jacket）裝置，在蒸發器的器壁之外再包覆一層外殼，外殼與器壁之間通入熱液，使能量穿過器壁被原料吸收，此型式類似原料浸泡在另一熱液中，但蒸發器的體積太大時，此類設計的效果不彰。採取管式熱交換器的蒸發器內，可以利用泵強制抽動原料，也可藉自然對流來循環溶液。

由於熱交換器的熱傳面積 A 和總熱傳係數 U 並非全部已知，所以設計蒸發器時應著重於原料與產品間的質能均衡，以便尋找出合適的 A 或 U。已知蒸發器的原料流量為 F，其中溶質的重量百分率濃度是 x_F，且溫度是 T_F，單位質量的焓是 h_F。另假設排出的濃縮液產品流量是 L，其濃度是 x_L，溫度是 T_L，焓是 h_L；排出的蒸氣流量是 V，溫度是 T_V，焓是 H_V。熱交換器內使用飽和蒸汽，流量是 S，溫度是 T_S，焓是 H_S，放熱後成為凝結液，所以溫度仍是 T_S，但焓成為 h_S。在蒸發器內，溫度與壓力分別是 T_1 和 P_1，且 $T_1 = T_L = T_V$。

經由溶液和溶質的質量均衡，可發現下列關係：

$$F = L + V \tag{4-77}$$
$$Fx_F = Lx_L \tag{4-78}$$

若濃縮後的目標濃度 x_L 已被設定，則可從中計算出 L 和 V。接著再執行能量均衡，並假設蒸發器沒有其他熱量損失，使進入系統的能量將等於離開系統的能量：

$$Fh_F + SH_S = Lh_L + VH_V + Sh_S \tag{4-79}$$

上式中的各項焓皆為狀態函數，可假設只相關於溫度和壓力，故可從熱力學數據表中查詢而得。因此能量均衡關係中僅有 S 未知，應可從 (4-79) 式算出。由於飽和蒸汽釋放出的潛熱為 $\lambda = H_S - h_S$，若此放熱都被原料吸收，則熱傳速率 q' 可表示為：

$$q' = S(H_S - h_S) = S\lambda \tag{4-80}$$

因此，原料與飽和蒸汽之間的熱交換關係可表示為：

$$q' = S\lambda = UA(T_S - T_1) \tag{4-81}$$

從中可計算出 UA。此外，若熱交換器的熱傳係數 U 可以推估，則能進一步算出總熱傳面積 A，其結果將相關於蒸發器的尺寸。

✚ 知識補充站

　　蒸發器中一定會包含一種熱源，最常用的熱源是熱交換器，此裝置允許兩種溫度不同的流體進行熱量傳遞，但需穿透壁，不能讓兩種流體接觸，以免流體的物化特性受影響。在蒸發器的例子中，一種流體是高溫蒸汽，可釋放熱量至較低溫的原料溶液，使其溶劑蒸發。熱交換器的構造決定熱傳的效果，包括套管式、殼管式、平板式、鰭管式、夾套式等設計，這些構造擁有不同的熱傳面積，在空間有限的廠房或設備中，不一定使用構造簡單或低價的設計，而是選擇大面積的結構。例如在化工廠中，殼管式熱交換器比套管式熱交換常用，因為殼管式設計可在有限空間內安排管子繞行以提升管內流體的總流動距離，也可在殼管之間加裝擋板，引導管外流體繞行，以提升兩種流體的接觸。然而，兩流體之中有一種屬於氣態，一種屬於液態時，其熱傳係數常有很大差異，即使採用殼管式熱交換器也無法產生良好的熱傳效應，因此對於氣體側，可以加裝鰭片（fin），延伸管路的外壁，擴充熱傳面積，例如電腦中的CPU散熱器即帶有鰭片，可以提升降溫效果，工業用的冷凍或乾燥裝置也會採用鰭管式設計。近年來工廠中也常使用平板式熱交換器，使兩種流體的熱能穿越金屬平板而進行交換，因為此設計的體積小、便於維修，且易於擴充。許多熱交換器長期使用後，常會積垢，但平板式熱交換器方便拆卸，可以快速清理保養。蒸發器中常用的熱交換器屬於殼管式，管路的方向可分為縱向或橫向，熱交換器皆安置於蒸發器的下半部，上方則為蒸發區，原料溶液在殼管之間流動。

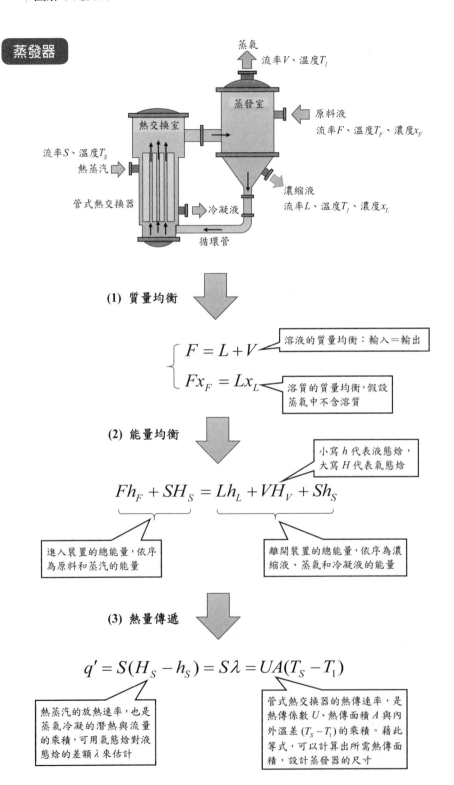

蒸發器

蒸氣
流率V、溫度T_1

蒸發室

熱交換室

原料液
流率F、溫度T_F、濃度x_F

流率S、溫度T_S
熱蒸汽

管式熱交換器

冷凝液

濃縮液
流率L、溫度T_1、濃度x_L

循環管

(1) 質量均衡

$$\begin{cases} F = L + V \\ Fx_F = Lx_L \end{cases}$$

溶液的質量均衡：輸入＝輸出

溶質的質量均衡，假設蒸氣中不含溶質

(2) 能量均衡

小寫 h 代表液態焓，大寫 H 代表氣態焓

$$Fh_F + SH_S = Lh_L + VH_V + Sh_S$$

進入裝置的總能量，依序為原料和蒸汽的能量

離開裝置的總能量，依序為濃縮液、蒸氣和冷凝液的能量

(3) 熱量傳遞

$$q' = S(H_S - h_S) = S\lambda = UA(T_S - T_1)$$

熱蒸汽的放熱速率，也是蒸氣冷凝的潛熱與流量的乘積，可用氣態焓對液態焓的差額 λ 來估計

管式熱交換器的熱傳速率，是熱傳係數 U、熱傳面積 A 與內外溫差 $(T_S - T_1)$ 的乘積。藉此等式，可以計算出所需熱傳面積，設計蒸發器的尺寸

範例

一個單效蒸發器被用來濃縮某種膠體溶液,目標是從 5 wt% 增加到 50 wt%。已知入料溶液之比熱為 4.06 J/g·K,溫度為 15.6°C。加熱時使用 101.32 kPa 的飽和蒸汽,溶液經過蒸發後可排出 4536 kg/h 的純水,蒸發器內的壓力為 15.3 kPa,其熱傳係數 U 為 1988 W/m^2·K。若忽略溶液的沸點上升效應,試計算所消耗蒸汽之流率與蒸發器之熱傳面積。

解答

1. 從質量守衡可知:$\begin{cases} F = L + 4536 \\ F(0.05) = (F - 4536)(0.5) \end{cases}$,故可得到 $F = 5040$ kg/h,且 $L = 504$ kg/h。

2. 由於蒸發器內的壓力為 15.3 kPa,此條件下的沸點為 $T_1 = 327.5$ K。若 $T_1 = 327.5$ K 被選為參考溫度,則濃縮液的焓 $h_L = 0$。

3. 另已知入料比熱 $c_p = 4.06$ J/kg·K,所以原料之焓為:
$h_F = c_p(T_F - T_1) = (4.06)(288.8 - 327.5) = -157.1$ kJ/kg。

4. 從蒸汽表可查得 327.5 K 下的蒸發的氣體焓 $H_V = 2372$ kJ/kg,以及熱交換所用 373 K 飽和蒸汽之潛熱 $\lambda = 2257$ kJ/kg。使能量守衡方程式成為:
$(5040)(-157.1) + S(2257) = (504)(0) + (4536)(2372)$,
故所用蒸汽之流率 $S = 5118$ kg/h。

5. 接著可計算熱傳速率 $q' = S\lambda = UV(T_S - T_1)$,亦即:
$\left(\dfrac{5118}{3600}\right)(2257)(1000) = (1988)A(373 - 327.5)$,可解出蒸發器之熱傳面積 $A = 35.5$ m^2。

4-8 增溼與除溼

如何調整空氣中的含水量？

氣體接觸水時，若水不會溶解氣體中的任一成分，只會蒸發進入氣體，或從氣體中凝結出水，從氣體的角度而言，這類程序可稱為增溼（humidification）與除溼（dehumidification）。潮溼程度是指氣體中水蒸氣的含量，其變化相關於氣體溫度，因此增溼或除溼不僅屬於質傳現象，也牽涉熱傳現象。

以空氣為例，為了方便描述不同程度的乾溼空氣之物理性質，定義溼度（humidity）為水蒸氣對乾空氣的質量比。已知空氣的平均分子量 M_{air} = 28.97 g/mol，水的分子量 M_w = 18.02 g/mol，且空氣的總壓為 p，水蒸氣在其中的分壓為 p_w，則溼度 H 可表示為：

$$H = \frac{M_w p_w}{M_{air}(p - p_w)} \tag{4-82}$$

上式右側的分子正比於水蒸氣的質量，分母則正比於無水空氣的質量。在相同溫度下，水蒸氣的分壓具有上限，稱為飽和蒸汽壓 p_{ws}，此時達到飽和溼度 H_S：

$$H_s = \frac{M_w p_{ws}}{M_{air}(p - p_{ws})} \tag{4-83}$$

為了方便表示特定溫度下的潮溼程度，可計算水蒸氣分壓對飽和蒸汽壓的比值，或目前溼度對飽和溼度的比值，前者稱為相對溼度 H_R，後者稱為百分溼度 H_p，分別表示為：

$$H_R = \frac{p_w}{p_{ws}} \times 100\% \tag{4-84}$$

$$H_P = \frac{H}{H_s} \times 100\% \tag{4-85}$$

在工業應用中，有許多場合的空氣溼度必須被控制，例如半導體廠中的無塵室或食品工廠中的乾燥裝置。有一些工業程序的處理對象不是空氣，而是熱水，例如熱水冷卻後，可以再利用，因而在工廠中設置了冷卻塔（cooling tower），透過熱水接觸冷空氣，使部分水分蒸發成氣態而增加溼度，也同時促使液態水降溫。此概念也可用於需要增加空氣溼度之場合，例如將水加熱後再以噴霧器灑進乾空氣中，在絕熱環境下可有效提升空氣的溼度。另對於除溼程序，主要目標是移除空氣中的水分，可在定溫下使用吸收劑或吸附劑去除水分，也可降溫使水分凝結而脫離空氣，除溼機或冷氣機即採取此概念運作。

以冷卻塔為例，通常設計成逆流式操作，亦即熱水從上淋下，乾空氣由塔底注入，兩者在塔中連續接觸，類似氣提程序（請見 4-3 節）。塔頂排出的空氣吸取水

分，一方面變得較潮溼，另一方面水分蒸發會吸收熱量，使塔底排出的水獲得冷卻。因爲塔內出現熱傳現象，估計冷卻塔的高度時，需要考慮溼空氣的比熱和比容特性。爲了便於連結溼度與比熱，定義溼度爲水蒸氣對純乾空氣的質量比，因此空氣的比熱 c_p 和比容 $\bar{V}$ 也定爲乾空氣效應和水蒸氣效應之總和，故可分別表示爲：

$$c_p = c_{p,air} + Hc_{p,s} \tag{4-86}$$
$$\bar{V} = \bar{V}_{air} + H\bar{V}_s \tag{4-87}$$

其中 $c_{p,air}$ 和 $c_{p,s}$ 分別爲乾空氣和水蒸汽的比熱，$\bar{V}_{air}$ 和 $\bar{V}_s$ 分別是乾空氣和水蒸汽的比容，正比於溫度。

在增溼裝置中，也採用類似方式將冷水噴灑至乾熱空氣中。空氣吸收水分後一方面提高溼度，另一方面降低溫度。若此程序可在絕熱環境中進行，並假設空氣能增溼到飽和狀態，則空氣降溫釋出的顯熱，將提供熱水蒸發所需的潛熱。已知輸入空氣的溫度爲 T，溼度爲 H，比熱爲 c_p，並假設水之蒸發熱 λ_s 爲定值，最後輸出空氣達到飽和溼度 H_s 和露點溫度 T_s，則依據能量均衡可得：

$$c_p(T - T_s) = \lambda_s(H_s - H) \tag{4-88}$$

上式左側代表空氣從輸入到輸出之間減少的顯熱，右側則代表裝置內蒸發水的潛熱。基於 (4-86) 式，(4-88) 式還可表示爲：

$$\frac{H - H_s}{T - T_s} = -\frac{c_{p,air} + Hc_{p,s}}{\lambda_s} \tag{4-89}$$

若製作一張縱軸爲溼度，橫軸爲溫度的座標圖，稱爲溼度圖（humidity chart），則上式將在圖中顯示成接近直線的曲線，由左上方連接至右下方，稱爲絕熱冷卻曲線，從中可發現溼度高時溫度低，溼度低時溫度高。在溼度圖亦可描繪出所有溫度下的飽和溼度，連接各點後形成飽和溼度線；另也可繪出所有溫度下的固定相對溼度的曲線，將出現在飽和溼度線的右下方，亦即同溫度下飽和溼度線在上方，同溼度下，飽和溼度線在左方。擁有溼度圖後，增溼或除溼的估算皆可在圖上求解。

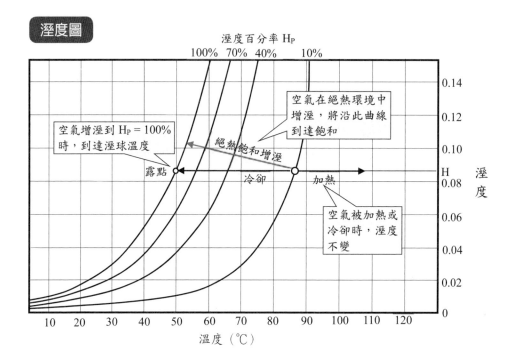

溼度圖

空氣增溼到 $H_P = 100\%$ 時，到達溼球溫度

絕熱飽和增溼

露點　　冷卻　　加熱

空氣在絕熱環境中增溼，將沿此曲線到達飽和

空氣被加熱或冷卻時，溼度不變

溼度百分率 H_P

100%　70%　40%　　10%

溫度（℃）

溼度

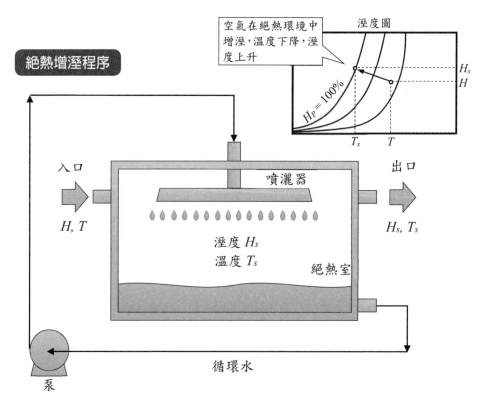

絕熱增溼程序

空氣在絕熱環境中增溼，溫度下降，溼度上升

溼度圖

H_s
H

$H_P = 100\%$

T_s　T

入口

H, T

噴灑器

溼度 H_s
溫度 T_s

絕熱室

出口

H_s, T_s

循環水

泵

範例

房間內的空氣處於 60℃與 101.3 kPa 下，其中水蒸汽的分壓為 12 kPa。試計算空氣的溼度與百分溼度。

蒸汽表

Temperature（℃）	Vapor Pressure（kPa）	Enthalpy（kJ/kg）	
		Liquid	Saturated Vapor
18	2.06	76	2534
21	2.50	88	2540
24	3.00	101	2545
27	3.60	113	2551
30	4.25	126	2556
40	7.38	168	2574
45	9.59	188	2583
50	12.35	209	2592
55	15.76	230	2601
60	20.00	251	2610
65	25.00	272	2618
70	31.20	293	2627
75	38.58	314	2635
80	47.50	335	2644
85	57.83	356	2652
90	70.00	377	2660
95	84.50	398	2668
100	101.32	419	2676

解答

1. 空氣的溼度 $H = \dfrac{M_w p_w}{M_{air}(p - p_w)} = \dfrac{18}{28.97} \times \dfrac{12}{101.3 - 12} = 0.08349$ kg H_2O/kg air。

2. 由蒸汽表查得 60℃下，水的飽和蒸汽壓 $p_{ws} = 20$ kPa，飽和溼度

   $H_s = \dfrac{M_w p_{ws}}{M_{air}(p - p_{ws})} = \dfrac{18}{28.97} \times \dfrac{20}{101.3 - 20} = 0.1528$ kg H_2O/kg air。

3. 因此，百分溼度 $H_P = \dfrac{H}{H_s} \times 100\% = \dfrac{0.08349}{0.1528} \times 100\% = 54.64\%$。

4-9　結晶

如何在溶液中形成固體？

　　化學工業生產的各式產品中，最多且最常見的類型屬於固態，因爲此類產品的密度大，亦即佔據的體積較小，比較容易運送與保存，但其原料卻可能屬於氣態或液態，因此在製程中存在一種步驟從流體中形成固體，此類程序稱爲結晶（crystallization）。結晶後生成的固體稱爲晶體（crystal），可透過各種驅動力從溶液中形成，若過程中牽涉氧化還原反應，還可稱爲電結晶。若程序中不牽涉氧化還原反應，結晶的驅動力都可歸因於溶質的過飽和狀態。結晶的逆過程即爲溶解，依據溶劑的總量，能溶解晶體之質量具有上限，最高溶解量對溶劑總量的比值稱爲溶解度，可換算成最高溶質濃度。當晶體溶解後，溶質濃度未達溶解度時，將形成未飽和溶液，但逐漸發生溶解後，溶質濃度將趨近溶解度，最終達成溶解平衡。反之，一開始配置溶液時，即加入過多的溶質固體，將發現部分溶質無法溶解，形成飽和溶液，但在某些動態程序中，溶劑可能溶解了超過溶解度的溶質，形成過飽和溶液，結束動態變化後，過飽和溶液將逐漸發展成飽和溶液，因而有溶質發生沉澱，此程序即爲結晶。因此，結晶的驅動力來自過飽和程度。

　　上述的動態程序包括改變溫度、改變壓力、改變溶劑總量或混合兩種溶液。溶劑愈多，溶解總量愈多，因此利用蒸發法可以減少溶劑，形成過飽和狀態，促使部分溶質析出。混合兩種溶液時，某些陰陽離子的結合力較強，較易形成沉澱物。更常用的方法是降溫與降壓，當固體的溶解度隨著溫度增加時，可先在高溫下溶解更多溶質，再降溫減少溶解度，使晶體析出；若使用幫浦抽眞空時，會促進溶劑蒸發，導致溶解量下降，也會使晶體析出。爲了改變溫度，結晶槽內需要設置熱交換器，並且需要溶液循環流動，最後再經由過濾器留下晶體。所得結晶物的粒徑可能存在分布，有時還需要進行分級（classification），才能得到粒徑均等的晶體產品。

　　欲決定結晶產物的組成，可參考多成分的相圖（phase diagram）。因爲特定的陽離子和陰離子結合後，可能形成多種結晶物或水合物，從相圖可以得知何種操作條件適合製造特定結晶物。對於雙成分系統，常見兩種相圖，包括固溶液系統（solid solution）與共熔系統（eutectic system）。這兩種系統在足夠高溫下皆爲液態，足夠低溫下皆爲固態，但從液態降溫至固態之中，會經歷固液共存狀態。若雙成分混合物屬於共熔系統，依據混合物的總組成，首先產生的晶體會是其中一種成分，而非兩種晶體都產生；若屬於固溶液系統，則可產生兩種晶體的混合物，所以還需要額外的純化步驟才能得到純物質。混合兩種溶液時，至少會形成三成分系統，其相圖非常複雜，依據成相數目，可由相律計算所需控制的變因數量。

　　前述的相平衡概念雖可預測產物種類或操作條件，但結晶仍屬於動態程序，可分爲成核（nucleation）與晶體成長（crystal growth）兩個步驟。前者是指溶質的陰陽離子結合後，初步形成的分子級微粒子，此粒子還有可能再溶解而回到溶液中，所以粒子的尺寸必須超過某個臨界半徑才能穩定。此外，結晶槽的器壁、攪拌葉或溶液中的固

體雜質皆可作爲微粒子的附著區，在這些固液界面上結晶，所需自由能較低，所以較容易成核。產生核點後，後續的固體微粒子將會附著於核點表面，並在表面上移動，尋找停駐點，逐漸使晶體成長。

蒸發與乾燥雖然也能製造晶體，但蒸發溶劑所需能量較大，進行結晶只需要提供結晶熱，其值小於溶劑的氣化熱。對一個連續操作的結晶槽，若原料流量爲 F，所含溶質之濃度爲 x_F，結晶時有少量溶劑蒸發，排出的蒸氣流量爲 V，槽中晶體的生成速率爲 C，但晶體中可能存在結晶水，故其目標溶質之含量爲 x_C，另有飽和溶液以流量 L 排出。在定溫操作下，已知晶體的溶解度爲 x_L，則依據溶質的質量均衡可得到：

$$Fx_F = Lx_L + Cx_C \tag{4-90}$$

又依據總質量均衡可得：

$$F = V + L + C \tag{4-91}$$

經由相圖，在確定的操作條件下可先預測結晶物型態，得知 x_C，再透過秤重分析可估計溶劑損失量，得到 V，最後藉由上述兩式，即可求出晶體產量 C。

✚ 知識補充站

結晶器的設計需考慮產物的晶型、尺寸、純度與產量，可依操作方式分為批次型或連續型。現已發展的裝置包括冷卻結晶器、真空結晶器與蒸發結晶器。冷卻結晶器常製成圓桶狀或長槽狀，裝置內會安排冷卻水的流道，以吸收原料的熱能並使其降溫，溶液成為過飽和狀態，之後結晶在管壁或槽壁，再利用葉片攪動溶液使晶粒脫落，以便收集。真空結晶器則是透過泵來降壓，促使溶劑蒸發，以進入過飽和狀態，所形成的晶粒尺寸比較均勻，在工業界獲得廣泛應用。此類結晶器中可以設計沉降區，使尺寸較大的晶粒下沉而被收集，尺寸較小的晶粒則被母液帶離並回流至結晶區，藉此控制晶粒尺寸的均勻性。蒸發結晶器的構造相似於蒸發器，但其熱交換器會安置在結晶桶之外，母液被加熱至高溫狀態後，將流入低壓的結晶桶內，使溶劑蒸發，進入過飽和狀態。另可分開結晶區與蒸發區，並從蒸發區中安置一根下降管，引導過飽和溶液流至結晶區的底部，結晶後晶粒會分級懸浮，從底部可取得粒徑最大的晶體。

結　晶

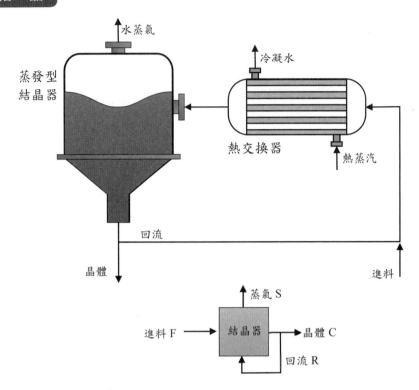

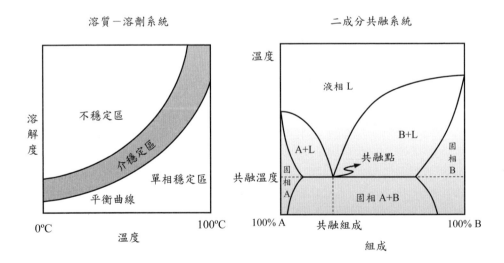

範例

在一個絕熱結晶器內，有 1 kg 的 $MgSO_4$ 溶液，濃度為 36 wt%。該溶液的起始溫度為 35°C，經過降溫後到達 10°C，形成結晶物 $MgSO_4 \cdot 7H_2O$ 和 15 wt% 的飽和溶液。已知 $MgSO_4$ 溶液在降溫過程中的比熱固定為 3.0 J/g·K，水的蒸發熱為 2470 J/g，結晶熱為 50 J/g，試求結晶物的產量。

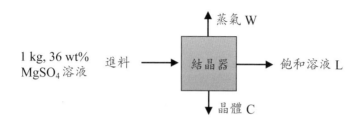

解答

1. 溶質 $MgSO_4$ 的總重量為 360 g，其分子量為 120 g/mol，共有 3 mol。
2. 假設結晶物 $MgSO_4 \cdot 7H_2O$ 的產量為 C，其分子量為 246 g/mol，共產生 $C/246$ mol。
3. 另假設蒸發的水量共計 W，所以可得到飽和溶液的重量 $L = 1000 - W - C$。
4. 由溶質的質量均衡可知：$360 = (\dfrac{C}{246})(120) + (1000 - W - C)(0.15)$。
5. 從能量均衡則可知：$2470W = 50C + (1000)(3.0)(30 - 10)$。
6. 聯立求解後可得到結晶物 $MgSO_4 \cdot 7H_2O$ 的產量 $C = 638$ g。

4-10 膜分離

如何使用薄膜分離溶液中的特定成分？

薄膜可扮演障礙物，以阻擋混合物中的特定成分，達到分離的效果。多孔薄膜可用天然或合成的纖維製造，也可由陶瓷或金屬材料組成，最終以薄片、圓管、中空纖維或螺旋絲帶等外型使用。薄膜又可分為微孔型與無孔型，前者藉由成分在孔洞中不同的擴散速率而被分離，後者則依成分在薄膜中不同的溶解度或親和力而分離。

滲透（osmosis）是利用薄膜兩側溶液具有不同的濃度作為驅動力，使溶劑分子穿越薄膜，因而改變溶質與溶劑的比例。逆滲透（reverse osmosis）則是透過外力加壓，使溶劑分子反向穿越薄膜，所以也能改變溶質與溶劑的比例。反之，若多孔薄膜允許小分子溶質穿透，則稱為透析（dialysis），操作後大分子溶質會被阻擋，小分子溶質則被分離。若有顆粒狀的懸浮物也會被阻礙而無法穿透薄膜，此類程序常稱為過濾。當濾除的成分具有 0.02 至 10 μm 的尺寸時，稱為微濾（microfiltration）；當濾除的成分具有 1 至 20 nm 的尺寸時，稱為超濾（ultrafiltration）；但當薄膜的孔洞進入奈米等級時，則可分出 0.1 nm 的分子，稱為高濾（hyperfiltration）。

逆滲透操作需要施加高壓，但也可以對薄膜一側減壓，使特定成分蒸發，並且溶解進入薄膜，藉由薄膜兩側壓差擴散至另一側，達到分離的效果，此程序稱為滲透蒸發（pervaporation），可用於共沸物的分離，例如製造無水酒精。若原料屬於混合氣體，則可使用選擇性的氣體滲透膜，再以壓差作為驅動力，分離氣體中的特定成分，或提高氣相中的成分含量。

由前述可知，薄膜分離技術適用於傳統蒸餾無法分離的混合物，例如共沸物、同分異構物或熱敏性物質，由於不需要能量型分離劑（請見 1-5 節），故可節約能源，防止熱敏性成分變質，而且在操作中不需添加其他溶劑，可避免二次汙染。

對於液體中的薄膜分離程序，當溶質分子從左側穿透到右側時，已知左側濃度為 c_1，右側濃度為 c_2，薄膜左側界面的液體側濃度為 c_{1i}，固體側濃度為 c_{1s}，薄膜右側界面的液體側濃度為 c_{2i}，固體側濃度為 c_{2s}，則平衡分配係數 K' 可定義為：

$$K' = \frac{c_{1s}}{c_{1i}} = \frac{c_{2s}}{c_{2i}} \tag{4-92}$$

在穩定態下，液相、固相和薄膜內的質傳通量 N_A 皆相等：

$$N_A = k_{c1}(c_1 - c_{1i}) = \frac{D}{L}(c_{1s} - c_{2s}) = k_{c2}(c_{2i} - c_2) \tag{4-93}$$

其中 k_{c1} 和 k_{c2} 分別為薄膜兩側的質傳係數，D 為溶質在薄膜中的擴散係數，L 為薄膜的厚度。若定義穿透係數（permeance）：$p_M = \dfrac{DK'}{L}$，則可藉由串聯質傳阻力得到：

$$N_A = \frac{c_1 - c_2}{1/k_{c1} + 1/p_M + 1/k_{c2}} \tag{4-94}$$

　　對於氣體中的薄膜分離程序，當氣體可以溶進固體內，且已知溶解度為 S，則薄膜左側表面的溶質濃度 c_{1s} 與其左側氣相分壓 p_{1i} 將具有下列平衡關係，右側的 c_{2s} 與 p_{2i} 亦然：

$$\frac{c_{1s}}{p_{1i}} = \frac{c_{2s}}{p_{2i}} = \frac{S}{V_{STP}} \tag{4-95}$$

其中 $V_{STP} = 22.4$ L/mol，代表在標準狀態（0℃、1 atm）下的氣相體積。若再定義穿透度（permeability）：$P_M = \dfrac{DS}{V_{STP}}$，故在穩定態下，質傳通量為：

$$N_A = \frac{p_1 - p_2}{RT/k_{c1} + L/p_M + RT/k_{c2}} \tag{4-96}$$

其中 p_1 和 p_2 是薄膜左右兩側的分壓。

　　欲分離混合氣體中的特定成分，可採用氣體穿透分離器。分離器內的流動可分為四類，包括完全混合、交流、逆流和順流。對於完全混合操作，混合氣體進料中含有 A 和 B，總進料流率為 L_0，其中 A 的莫耳分率為 x，穿透薄膜的流率為 V_1，穿透之後的莫耳分率成為 y，未穿透的流率為 L_1，則從質量均衡可知：

$$L_0 = L_1 + V_1 \tag{4-97}$$

所以可定義穿透比為 $\theta = V_1/L_0$。已知薄膜的厚度為 d，面積為 A，則成分 A 之穿透通量可表示為：

$$\frac{V_A}{A} = \frac{V_1 y_1}{A} = \left(\frac{P'_A}{d}\right)(p_0 x_1 - p_1 y_1) \tag{4-98}$$

其中 P'_A 為 A 的穿透度，p_0 和 p_1 分別為薄膜兩側的總壓。同理，B 之穿透速率為：

$$\frac{V_B}{A} = \left(\frac{P'_B}{d}\right)[p_0(1-x_1) - p_1(1-y_1)] \tag{4-99}$$

再定義分離因子 $\alpha = P'_A/P'_B$，薄膜兩側壓力比 $\beta = p_1/p_0$，則可得：

$$\frac{y_1}{1-y_1} = \frac{\alpha(x_1 - \beta y_1)}{(1-x_1) - \beta(1-y_1)} \tag{4-100}$$

由於已知進料中 A 的莫耳分率為 x_0，則 A 的質量均衡為：$L_0 x_0 = L_1 x_1 + V_1 y_1$，或表示為：

$$x_0 = (1-\theta)x_1 + \theta y_1 \tag{4-101}$$

聯立求解 (4-98) 式和 (4-99) 式即可解出產物中的 y_1 和所需薄膜面積 A。

　　電透析法是結合電場驅動離子與薄膜分離離子的技術，所用的電透析膜是一種由多孔、薄層的合成離子交換樹脂所作成的網狀結構體，包括陽離子交換膜與陰離子交換膜。前者帶有負電基團，所以只能讓陽離子穿透，而排斥陰離子；後者則相反。應用

在海水淡化時，Na^+ 往陰極移動，Cl^- 往陽極移動，故可得到去離子水與濃縮鹽水。

在滲透程序中，溶劑可從稀薄溶液穿過半透膜傳送到濃溶液，但溶質不能穿過。若在鹽水側加壓可阻止溶劑穿越薄膜，但當所施壓力增加到某種程度時，薄膜兩側達到平衡，此時的壓差稱爲滲透壓 π（osmotic pressure），可表示爲：

$$\pi = \frac{n}{V} RT \tag{4-102}$$

其中 n 是鹽水中的溶質莫耳數，V 是鹽水中純溶劑的體積。若施壓大於鹽水的滲透壓，將使溶劑反向流動，稱爲逆滲透（reverse osmosis），藉此可分離溶質與溶劑，常應用於海水淡化或牛奶濃縮等程序。逆滲透程序中的質傳現象可分爲擴散模式與篩孔模式。前者的驅動力是壓力差，後者則是穿過孔洞的基本流動。對於擴散模式，在穩定態下，溶劑通過薄膜的通量 N_w 爲：

$$N_w = \frac{P_w}{d}(\Delta P - \Delta \pi) \tag{4-103}$$

其中 P_w 是溶劑在薄膜中的穿透度，d 是薄膜厚度，ΔP 和 $\Delta \pi$ 分別是薄膜兩側的壓差與滲透壓差，代表外界施壓必須克服滲透壓差，才能促使溶劑穿透薄膜。對於溶質，已知 D_s 是擴散係數，K_s 是分配係數，表示溶質在薄膜側濃度對溶液側濃度之比值，故其擴散通量 N_s 爲：

$$N_s = \frac{D_s K_s}{d}(c_1 - c_2) \tag{4-104}$$

其中 c_1 是原料溶液中的溶質濃度，c_2 是滲透後的溶液中的溶質濃度。對溶質進行質量均衡，因爲穿透薄膜的溶質量等於滲透液的溶質量，故可得知：

$$N_s = \frac{N_w c_2}{c_{w2}} \tag{4-105}$$

其中 c_{w2} 是滲透液中的溶劑濃度。再定義溶質排斥率 R（solute rejection）爲穿透量對原料量之比值，則根據 (4-101) 式至 (4-103) 式，可得：

$$R = \frac{c_1 - c_2}{c_1} = \frac{B(\Delta P - \Delta \pi)}{1 + B(\Delta P - \Delta \pi)} \tag{4-106}$$

其中 $B = \dfrac{P_w}{D_s K_s c_{w2}}$，由薄膜內的物性算得。

薄膜分離器（氣體）

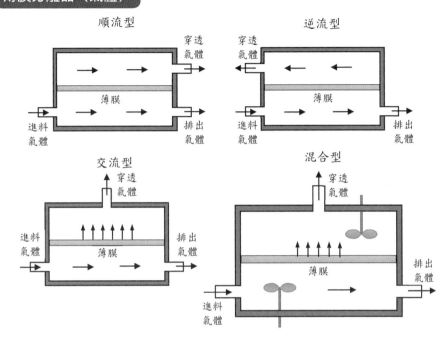

順流型

穿透氣體

薄膜

進料氣體　排出氣體

逆流型

穿透氣體

薄膜

進料氣體　排出氣體

交流型

穿透氣體

薄膜

進料氣體　排出氣體

混合型

穿透氣體

薄膜

進料氣體　排出氣體

薄膜分離器（液體）

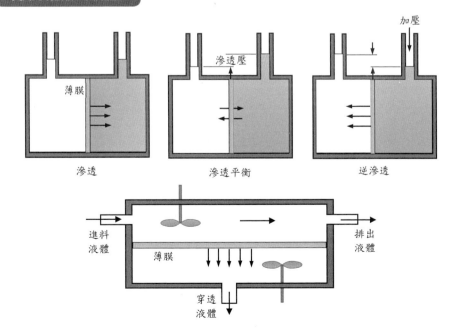

薄膜

滲透

滲透壓

滲透平衡

加壓

逆滲透

進料液體　排出液體

薄膜

穿透液體

範例

原料溶液中含有 0.05 kmol/m³ 的 A 成分,置於薄膜的左側,並加以強烈攪拌。已知 A 成分的分配係數為 1.5,在薄膜內的擴散係數為 5×10^{-11} m²/s。已知薄膜的厚度為 20 μm,且測得右側的 A 成分濃度為 0.005 kmol/m³,右側的質傳係數為 2×10^{-5} m/s,試計算穩定態下 A 成分穿越薄膜的質傳通量。

解答

1. 定義左側為 1,右側為 2。在穩定態下,左側與右側之質傳通量相等,並也等於薄膜內的質傳通量,因此 A 成分穿越薄膜的質傳通量 N_A 可表示為:

$$N_A = k_{c1}(c_1 - c_{1i}) = \frac{D}{L}(c_{1s} - c_{2s}) = k_{c2}(c_{2i} - c_2) \circ$$

2. 其中 k_{c1} 與 k_{c2} 分別為左側與右側的質傳係數,但因左側受到強烈攪拌,可假設 $k_{c1} \rightarrow \infty$,另已知 $k_{c2} = 2 \times 10^{-5}$ m/s,$c_1 = 0.05$ kmol/m³,$c_2 = 0.05$ kmol/m³。下標 i 代表薄膜之液相側,下標 s 代表薄膜之固相側。

3. 定義穿透係數 $p_M = \dfrac{DK'}{L}$,其中分配係數 $K' = \dfrac{c_{1s}}{c_{1i}} = \dfrac{c_{2s}}{c_{2i}} = 1.5$,擴散係數 $D = 5 \times 10^{-11}$ m²/s,薄膜厚度 $L = 2 \times 10^{-5}$ m,因此 $p_M = 3.75 \times 10^{-6}$ m/s。

4. 將 A 成分穿越薄膜視為三階段質傳,則其總質傳通量應為:

$$N_A = \frac{c_1 - c_2}{1/k_{c1} + 1/p_M + 1/k_{c2}} = \frac{0.05 - 0.005}{1/3.75 \times 10^{-6} + 1/2 \times 10^{-5}} = 1.42 \times 10^{-7} \text{ kmol/m}^2 \cdot \text{s}$$

第5章
整合性操作

本章描述多相或均相混合物難以分離時所採用的整合性操作技術，例如蒸餾與萃取的結合、蒸餾與化學反應的結合、萃取與化學反應的結合，甚至也可同時組合萃取、蒸餾與化學反應。

5-1 萃取蒸餾

如何分離共沸物中的各種成分？

有時使用蒸餾技術無法得到高純度的產物，因為 A 和 B 成分可能形成共沸物，例如異丙醇和水。對此情形，加入第三成分 C 可以有效改變共沸狀態，所加成分稱為共沸添加劑（entrainer），此技術稱為萃取蒸餾（extractive distillation）。共沸添加劑必須具有溶解選擇性，亦即 B 易於溶在 C 中，但 A 難溶於 C 中，此情形等同於萃取，所以加入的 C 也稱為萃取劑。若 C 的密度較大，可從蒸餾塔的偏上方進料，所以 C 進料的上方屬於精餾段，之後 C 往下方流動，持續接觸向上移動的蒸氣，並且繼續溶解 B，原料 A、B 則從塔的偏下方注入，進料位置以下屬於氣提段，而介於氣提段和精餾段之間則為萃取段。最終，在塔頂可得到高純度的 A，在塔底則得到 B、C 溶液。接著再將此溶液輸入第二個精餾塔，將 B 和 C 分離，所分出的 C 再引流至第一個精餾塔，以重複利用節省萃取劑之成本。然需注意，萃取劑不能從第一個精餾塔的頂端輸入，因為要提供空間使蒸氣中的易揮發成分繼續增加含量，同時也可避免萃取劑揮發損失。

萃取蒸餾的關鍵在於萃取劑之選擇。一方面期望萃取劑本身不揮發、沸點高，另一方面希望萃取劑能顯著改變不溶成分的相對揮發度，且不能與可溶成分形成共沸物。此外，萃取劑的用量、價格、反應性、腐蝕性、環境衝擊性皆為選擇的要素。對於一般的萃取蒸餾操作，塔中的萃取劑莫耳分率通常會大於 0.6，代表向上蒸氣流量明顯小於向下液體流量，所以氣液接觸不佳，必須注意板塔的設計。

以製酒技術為例，傳統的方法是從澱粉發酵開始，但所得酒精僅具有大約 10% 的純度。若再經由蒸餾，酒精的純度也只能達到大約 80%，因為水與乙醇會形成共沸物。然而，在某些化工製程或生質燃料的使用需求中，希望加入純度非常高的酒精，所以需要先製得無水酒精。採用萃取蒸餾技術即可分離酒精與水，所添加的萃取劑是甘油（glycerol），當乙醇和水的共沸物送入第一組蒸餾塔後，純度超過 99.5% 的無水酒精可從塔頂取得，塔底則得到甘油和水的混合物，再藉由第二組蒸餾塔，還可分離出甘油，以回流至第一組蒸餾塔再利用。

對於異丙醇和水的混合物，蒸餾時會形成沸點為 80℃的共沸物，此溫度低於異丙醇和水的沸點，所以會從塔頂排出。但加入較輕的環己烷後，將會改變共沸狀態，形成異丙醇和環己烷的共沸物、水和環己烷的共沸物、三成分共沸物，其中以後者的沸點最低，所以會從蒸餾塔的塔頂排出。因為這種三成分共沸物會形成水相與有機相，前者送入第二組蒸餾塔，後者則回流至第一組蒸餾塔。第一組蒸餾塔的塔底可得到高純度的異丙醇，第二組蒸餾塔的塔底則可得到高純度的水，環己烷可從第一組塔頂產物的有機相中回流再利用。為了區別萃取蒸餾，使用輕共沸添加劑者稱為共沸蒸餾。

乙醇—水相圖（具有共沸物）

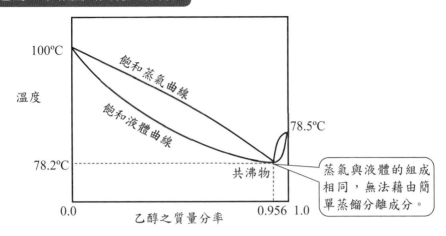

共沸物分離程序

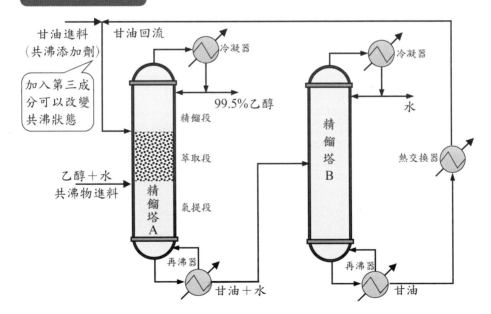

5-2　反應蒸餾

結合化學反應可以促進分離嗎？

為了提升物理性分離技術的效果，有研究者發展出結合化學反應的操作方法，例如結合反應器與薄膜，或結合蒸餾塔與化學反應，後者可稱為反應式蒸餾。

反應式蒸餾的概念早在 1921 年即被提出，當時主要用於製造乙酸甲酯（methyl acetate），但一直到 1983 年，才建立量產技術，可應用於甲基第三丁基醚（MTBE）、乙基第三丁基醚（ETBE）、異丙苯（cumene）等產品，進入 21 世紀後，已可全面應用於醚化、氫化、脫硫等製程。一般的液相化學反應進行一段時間後，會趨近於平衡，使產物無法再增加。但當某種產物較易揮發時，可以結合蒸餾技術，移除液體中的易揮發成分，破壞化學平衡，基於勒沙特列原理（Le Chatelier's principle），液相中的產物減少後，會驅使正反應繼續發生。因此，反應式蒸餾塔不但可以持續製造產物，也可以從混合物中取得高純度的產物。對於某些共沸混合物，促使發生化學反應後，可以改變平衡狀態，使特定成分得以分離出來。

反應式蒸餾塔除了包含精餾段（rectifying section）與氣提段（stripping section），在兩段之間還增加了填充觸媒的反應段（reactive section），使原料一進入塔內即先發生化學反應，再依氣液狀態分流至精餾段與氣提段，分開反應物與產物。反應蒸餾亦可稱為催化蒸餾，因為蒸餾塔的反應區會填入觸媒，以催化反應發生，反應類別可分為非勻相反應與勻相反應。因為反應蒸餾裝置結合了化學反應器與精餾塔，故可降低管線與設備成本，而且如前所述，不斷分離產物後可以提高反應物之轉化率。對於容易發生副反應的系統，因為持續分離產物，可以促進產物生成，提高選擇率；對於共沸物系統，可因化學反應而改變組成，使產物易於分離；對於放熱反應系統，所釋放的熱量可用於蒸餾，降低了能源的使用，也無需熱交換器，同時也不會導致反應物的溫度攀升，有利於控制反應速率，維持製程的安全性。

反應式精餾塔

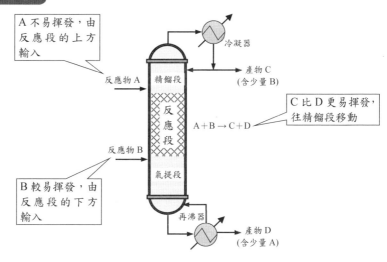

A 不易揮發，由反應段的上方輸入

反應物 A

精餾段

反應段

氣提段

反應物 B

B 較易揮發，由反應段的下方輸入

冷凝器

產物 C（含少量 B）

C 比 D 更易揮發，往精餾段移動

A＋B → C＋D

再沸器

產物 D（含少量 A）

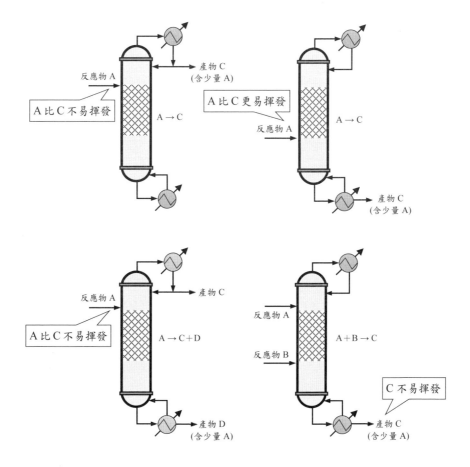

反應物 A

A 比 C 不易揮發

A → C

產物 C（含少量 A）

A 比 C 更易揮發

反應物 A

A → C

產物 C（含少量 A）

反應物 A

A 比 C 不易揮發

A → C＋D

產物 C

產物 D（含少量 A）

反應物 A

反應物 B

A＋B → C

產物 C

C 不易揮發

產物 C（含少量 A）

5-3 反應萃取

萃取時是否伴隨化學反應？

液液萃取是一種古老的技術，可從天然資源中擷取特定物質，例如香精或藥用油等，之後又用來取得乙醇或無機酸。進入 20 世紀，工業化的萃取才發展成熟，可用於煤油脫硫，並且擴大應用在各種產品的分離和純化。這些萃取技術皆奠基於萃取劑的使用，當萃取物和萃取劑可以發生化學反應時，即成為反應式萃取（reactive extraction）。

對於反應式萃取程序，萃取劑扮演反應中最重要的角色，需要形成一種不溶於反應相的產物，但稀釋劑（diluent）將會控制反應相中的密度、黏度、表面張力等物性，使溶質與萃取劑形成的反應產物更穩定，進而影響分離效果。反應式萃取可得到高純度的產物，且稀釋劑易於回收再利用，有效降低後續的純化成本。1940 年代，美國的曼哈頓計畫中即已應用反應式萃取來大量提煉鈾（uranium），之後更大的商業用途出現在銅鐵的分離，從礦物中收集銅。這類萃取程序使用了液相離子交換劑（liquid ion exchanger），以進行選擇性分離。

設計一組反應式萃取程序，可分別從熱力學與動力學的觀點探究。在系統內，可視為物理性萃取和化學性萃取同時發生。以羧酸 HC 之萃取為例，物理性萃取是指水中溶解的 HC 被有機相萃取，所以 HC 最終分布於水相和有機相的比例受限於分配係數 K_P：

$$K_P = \frac{c_{\overline{HC}}}{c_{HC}} \tag{5-1}$$

化合物上方的橫線代表有機相，未使用此記號則代表水相。但在有機相中，另含有萃取劑 S 可以在兩相界面發生化學反應，與 HC 結合：

$$m\text{HC} + n\overline{\text{S}} \rightleftharpoons \overline{(\text{HC})_m\text{S}_n} \tag{5-2}$$

達成平衡後，反應物和產物的濃度滿足下列關係：

$$K_C = \frac{c_{\overline{(\text{HC})_m\text{S}_n}}}{c_{\overline{HC}}^m c_{\overline{S}}^n} \tag{5-3}$$

其中 K_C 是化學反應平衡常數。因此，化學性萃取的效應相關於 K_C，總萃取效應則由 K_P 和 K_C 共同決定。

從動力學的觀點，必須比較溶質輸送速率和反應速率的大小。對一個批次萃取系統，已知有機相的體積為 V_o，兩相界面之面積為 A，HC 從水相往有機相輸送的質傳係數為 k_m，根據質量均衡可得：

$$V_O \frac{dc_{\overline{HC}}}{dt} = k_m A (c_{HC} - c_{\overline{HC}}) \tag{5-4}$$

因此萃取速率 r_{ex} 可從上式推得：

$$r_{ex} = \frac{V_O}{A}\frac{dc_{\overline{HC}}}{dt} = k_{ex}c_{HC}^{\alpha}c_{\overline{S}}^{\beta}$$ (5-5)

其中 k_{ex} 是速率常數，α 和 β 是反應級數。

反應式萃取

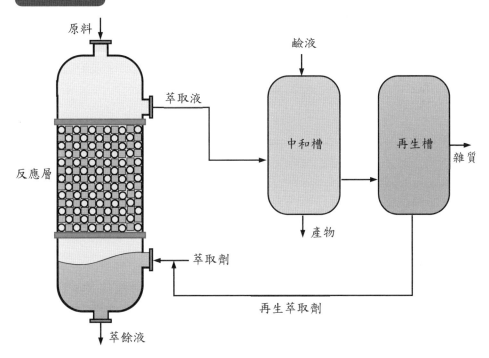

5-4 反應萃取蒸餾

是否可以結合更多操作而促進分離效果？

在前三個小節中，簡介了蒸餾、萃取、化學反應的組合技術，可有效提升分離效果，但這三者可以更進一步地結合，成為反應萃取蒸餾塔，以應用於轉酯化製程（trans-esterification）。轉酯化反應是指一種酯類與醇類反應後，轉變成另一種酯類，例如三酸甘油酯與甲醇反應後，將成為脂肪酸甲酯，可作為生質柴油。

聚乙烯醇（polyvinyl alcohol）是水溶性樹脂，可用於製作黏著劑。製造聚乙烯醇時，可利用乙酸乙烯酯（polyvinyl acetate）進行聚合反應，或使聚乙酸乙烯酯發生水解，但水解反應還會形成副產品乙酸甲酯（methyl acetate），這些甲基酯可溶於甲醇中，成為 20wt% 的溶液，以 MM20 標示。因此，欲得到聚乙烯醇，還需去除產物中的乙酸甲酯。可行的方法是使用水或乙二醇（ethylene glycol）為溶劑，在共沸蒸餾塔中將 MM20 溶液濃縮成 80wt% 的溶液，以 MM80 標示，再送入反應萃取蒸餾塔（reactive and extractive distillation），使 MM80 溶液與正丁醇（n-butanol）反應，生成乙酸丁酯與甲醇，此即前述的轉酯化反應。生成的乙酸丁酯具有商業價值，甲醇則可回用於聚乙烯醇的製造。

典型的乙酸丁酯製造流程如圖所示，包含了四組蒸餾塔，其中 T-100 是共沸蒸餾塔，利用水與甲醇的共沸特性，將 MM20 進料中的部分甲醇分離，從塔頂得到高濃度的 MM80 溶液；T-200 是反應萃取蒸餾塔，同時具備反應蒸餾與萃取蒸餾的功用，塔中由上至下分別為精餾段、萃取段、催化反應段與氣提段，大約在精餾段與萃取段之交界處輸入鄰二甲苯（o-xylene），作為本製程的萃取劑；正丁醇從萃取段與反應段之交界處輸入；MM80 溶液則從反應段與氣提段之交界處輸入，在蒸餾塔內加入萃取段和反應段可以減少雜質並提升轉化率，反應後所得乙酸丁酯和鄰二甲苯將從塔底排出，且流入 T-300 再次蒸餾，從其塔底回收萃取劑，其塔頂則排出高純度的乙酸丁酯，送入 T-400 後，再次蒸餾提高乙酸丁酯的純度。此案例展示了蒸餾、萃取、化學反應的組合技術，可以有效降低設備成本，並且提高反應的轉化率和產物的純度。

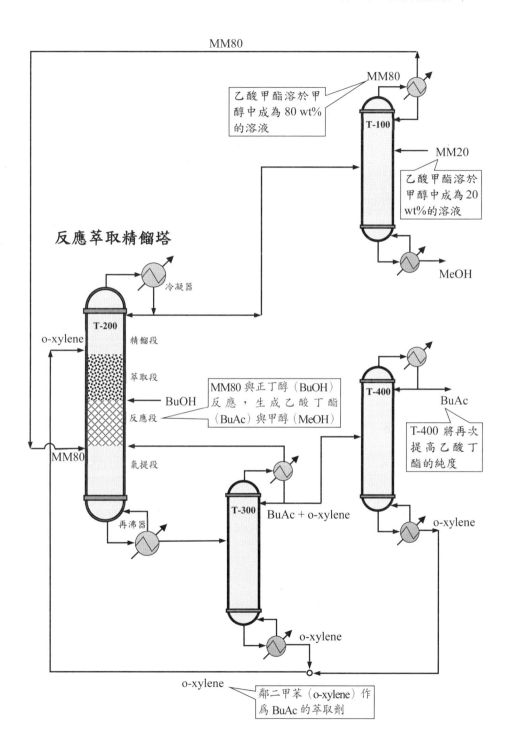

反應萃取精餾塔

MM80

乙酸甲酯溶於甲醇中成為 80 wt% 的溶液

MM80

T-100

MM20

乙酸甲酯溶於甲醇中成為 20 wt%的溶液

MeOH

冷凝器

T-200

o-xylene

精餾段

萃取段

MM80 與正丁醇（BuOH）反應，生成乙酸丁酯（BuAc）與甲醇（MeOH）

BuOH

反應段

T-400

BuAc

T-400 將再次提高乙酸丁酯的純度

MM80

氣提段

再沸器

T-300

BuAc + o-xylene

o-xylene

o-xylene

o-xylene

o-xylene 鄰二甲苯（o-xylene）作為 BuAc 的萃取劑

Note

第6章
總　結

第二章至第四章所介紹的單元操作技術，皆具有悠久的歷史，第五章的方法則是傳統程序遭遇瓶頸後發展出的新技術。這些單元操作涵蓋了兩種目的，其一是混合，另一是分離，前者是從多種原料組成一種混合物，後者是從一種混合物中分出特定成分，兩者都是工業製造中不可或缺的手段。由於生產流程注重效率，常會選擇操作流體，因此流體力學的概念被大量用於混合技術；此外，生產流程亦重視品質，為了達成產品的特定狀態與純度，熱量傳遞與質量傳遞的概念被頻繁用於分離技術。

除了單元操作牽涉的輸送現象原理，各種技術的功用略有差異，特別對於分離方法，從形式到目標都不同。單就分離型態而言，可包括原料分組和成分分離兩類，後者通常是採用分離技術的主要目標，但卻不易達成，因而需要分段進行，前段的方法往往牽涉原料分組。例如煉油時，難以直接從原油得到高純度丙烷，必須先進行初步蒸餾，分出數項初級產品，包括煤油、柴油、常壓製氣油、重油。從分餾塔取出的塔頂產品將送至穩定塔，再次蒸餾後又從其塔頂取得初級品丙烷與丁烷，此塔底的油品則移至輕油蒸餾塔執行後續分離。由此流程可發現，原油只能先分組，其中一組包含目標產品丙烷，欲得到高純度丙烷，還需要執行其他的分離步驟。然而，液化石油氣的組成即為丙烷與丁烷，代表這種組合可以當作產品，所以不需要製成純丙烷後，再加入純丁烷來製造液化石油氣。

另一種分離型態稱為成分分離，依其特性又可區分為成分完全分離、特定成分分離與部分分離。若要得到各成分完全分開的效果，往往需要組合多種技術，或採取多次步驟，因此難度最高，例如先使用蒸餾或萃取得到成分數量較少且比例差距較大的混合物，再接著送入層析儀，透過速度差而分開各種成分。從原料分出特定成分的難度稍低，但也比原料的部分分離困難，因為取出特定成分的技術必須具有高選擇性，而且仍需要執行多次步驟，部分分離則是指產物的成分比例不同於原料中的成分比例，但已經往提高純度的方向發展，後續再經歷多次步驟，或配合其他分離方法，有機會取出特定成分。

上述的單元操作概念在實用時皆取決於目標和規模，某些成分的價值高，值得採用複雜的程序，但有些方法在小規模時可行，放大規模後將會衍生諸多問題，因而提高成本，因此在工業生產中，成本評估將決定程序設計。近年更重視環境保護，環境成本與社會成本也不能忽視。

總結單元操作的本質，可以分成三大類型，分別是平衡程序、動態程序、化學反應輔助程序。除了原料之外，這三類方法可能會使用其他物流或能量流，以促進操作的效果，簡述如下。

(1) 平衡操作：

此類操作需要透過不同相的接觸，使目標成分在相間轉移，以達成操作目標。為了促進轉移的效果，可以外加能量或試劑，特別對於原本只有單相的原料，可以透過加熱或冷卻等方法產生新相，因而能從新相中收集更多的目標成分。例如蒸餾時，原料溶液吸熱而產生蒸氣，使氣相中富集易揮發的成分；例如萃取時，單相溶液中加入萃取劑而產生第二相，使新相中富集易溶解的成分；例如吸收時，單相混合氣體接觸吸收液體而產生氣液界面，使氣相中減少易溶入液體的成分；例如吸附時，單相溶液接

觸固體而產生固液界面，使液相中減少易附著於固體表面的成分。

(2) 速度差操作：

此類操作中，不同相的接觸時間短，系統會動態變化，但需要外加能量，才能呈現顯著的效果。外加的能量可能製造壓力梯度、溫度梯度、濃度梯度或電位梯度，促使混合物中的各種成分承受不同作用，產生移動程度的分布，通常以速度差呈現。例如離心時，外部機械能使不同成分出現移動路徑的差異，使密度較大的成分被分開；例如過濾時，外部摩擦力或阻礙力改變不同成分的移動路線，使粒徑較大的成分被分開。

(3) 反應輔助操作：

同時外加能量和反應試劑時，原料中的非目標成分可能被消耗，或原料中目標成分組成的進階產品可以被直接生成。例如脫硫操作中，常會添加 $Ca(OH)_2$ 溶液，促使氣相中的 SO_2 發生反應，以得到不含硫的空氣；例如重金屬廢水處理中，常會置入電極並通電，使重金屬離子還原成固態金屬，直接回收純金屬，成為進階產品。

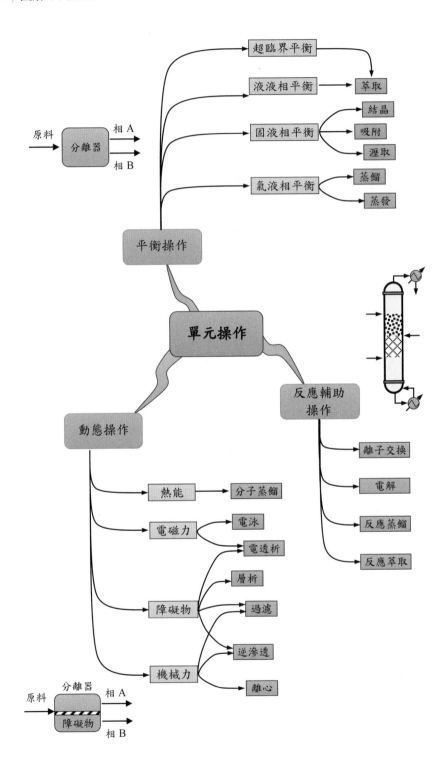

參考資料—延伸閱讀

[1] R. B. Bird, W. E. Stewart and E. N. Lightfoot, **Transport Phenomena**, 2nd ed., John Wiley & Sons, Inc., 2006.

[2] W. McCabe, J. Smith and P. Harriott, **Chemical Engineering Unit Operations**, 7th ed., McGraw Hill, 2004.

[3] J. Welty, C. E. Wicks, G. L. Rorrer and R. E. Wilson, **Fundamentals of Momentum, Heat and Mass Transfer**, 5th ed., Wiley, 2007.

[4] C. J. Geankoplis, A. A. Hersel and D. H. Lepek, **Transport Processes and Separation Process Principles**, 5th ed., Prentice Hall, 2018.

[5] F. Kreith, R. M. Manglik and M. S. Bohn, **Principles of Heat Transfer**, 7th ed., Cengage Learning, 2010.

[6] Y. Cengel and A. Ghajar, **Heat and Mass Transfer: Fundamentals and Applications**, 5th ed., McGraw-Hill Education, 2014.

[7] F. P. Incropera, D. P. DeWitt, T. L. Bergman and A. S. Lavine, **Fundamentals of Heat and Mass Transfer**, 6th ed., John Wiley & Sons, 2006.

[8] C. A. M. Afonso, J. P. G. Crespo and P. T. Anastas, **Green Separation Processes: Fundamentals and Applications**, John Wiley & Sons, 2005.

[9] J. D. Seader, E. J. Henley and D. K. Roper, **Separation Process Principles**, 3rd ed., John Wiley & Sons, 2005.

[10] L. Theodore, R. R. Dupont and K. Ganesan, **Unit Operations in Environmental Engineering**, John Wiley & Sons, 2017.

[11] 呂維明、莊清榮，化工單元操作（一）流體力學與流體操作，高立圖書，2008。

[12] 呂維明、許瑞祺、巫鴻章，化工單元操作（二）熱傳・熱傳操作，高立圖書，2010。

[13] 呂維明、王大銘、李文乾、汪上曉、陳嘉明、錢義隆、戴怡德，化工單元操作（三）質傳分離操作，高立圖書，2012。

[14] 葉和明，**輸送現象與單元操作（一）：流體輸送與操作**，第二版，三民書局，2016。

[15] 葉和明，**輸送現象與單元操作（二）：熱輸送與操作以及粉粒體操作**，第二版，三民書局，2006。

[16] 葉和明，**輸送現象與單元操作（三）：質量輸送與操作**，第二版，三民書局，2006。

[17] 林俊一，單元操作與輸送現象，全威圖書，2010。

[18] 陳景祥，單元操作與輸送現象，第二版，滄海書局，2019。

[19] 王茂齡，**輸送現象**，高立圖書，2001。

各章習題

第一章

[1-2-1]

混合液體中含有 5 wt% 的 A 和 95 wt% 的 B，以 100 kg/h 流入萃取裝置中，並使用溶劑 P 來萃取 A。若 B 和 P 不互溶，且 A 在 P 中與 A 在 B 中的分布係數爲 0.15。試計算達成平衡後，P 的流率必須爲何，才能萃取出 90 wt% 的 A？

[1-2-2]

已知苯的正常沸點爲 80.1℃，蒸發熱爲 30765 J/mol，氣態定壓比熱爲 154.5 J/mol·K，液態則爲 140 J/mol·K。現有 580℃苯蒸氣連續送入冷凝器中，被冷卻成 25℃的液體產物，其密度爲 0.879 g/cm³，此冷凝液再流入 1.75 m³ 的槽中，2 分鐘可充滿。試計算冷凝器中的熱傳速率爲何？

[1-2-3]

利用蒸發器濃縮 5 wt% 的糖水，已知原料重量爲 10 kg，欲濃縮至 20 wt%。試計算此蒸發器可排出多少蒸汽，以及生產多少濃縮液？

[1-3-1]

有一攪拌槽原裝有 100 kg、5 wt% 的食鹽水，現有 10 wt% 的食鹽水以 10 kg/h 輸入，加入後立刻攪拌至均勻，並從槽底以 5 kg/h 的流量排出。若此槽最多只能承載 500 kg，多久之後此槽會滿載？操作 20 小時後，槽內的食鹽總重量爲何？

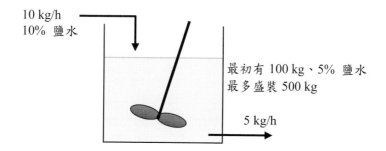

[1-3-2]

試證明在穩定態下，水平圓管中的不可壓縮牛頓流體出現層流時，速度呈現拋物線分布。若圓管的半徑爲 R，長度爲 L，入口和出口的壓力分別爲 p_0 和 p_L，由此可推導出

Hagen-Poiseuille 方程式：$\mathbf{v}_{av} = \dfrac{(p_0 - p_L)R^2}{8\mu L}$。

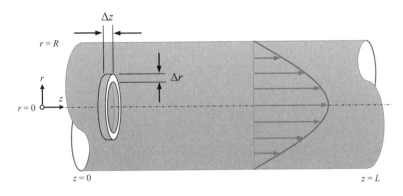

[1-3-3]

一般燃燒爐是由三層不同材質的磚壁構成，由內到外分別是耐火磚、隔熱磚和結構磚，其厚度分別為 20 cm、10 cm 與 20 cm，熱傳導度分別為 1.4、0.21 與 0.7 W/m-K。已知操作時燃燒爐內壁溫度為 1200 K，外壁溫度為 330 K，試求隔熱磚的熱損失通量與兩面的溫差為何？

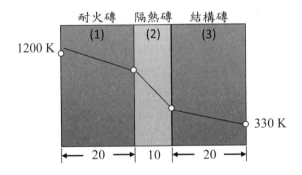

[1-3-4]

在一個逆流式熱交換器中，120℃熱油 (入口端) 被 20℃冷水 (入口端) 冷卻。已知水流速率為 3.00 kg/h，油流速率為 4.18 kg/h，熱交換器的總熱傳係數 U 為 2.0 W/m²·K，油和水的比熱分別為 2400 與 4180 J/kg·K，且水流的出口溫度是 40℃，試求：

(a) 熱油的出口端溫度。

(b) 此熱交換器的熱傳面積。

(c) 若此熱交換器改以順流方式操作，且熱傳面積不變，則順流操作下的總熱傳係數為何？

[1-3-5]

在 1 atm, 298 K 下，一根 0.02 m 長的管子內含 CH_4 與 He，已知管子一端的 CH_4 分壓為 60.79 kPa，另一端的 CH_4 分壓為 20.26 kPa，CH_4 在 He 中的擴散係數是 0.675×10^{-4} m^2/s。若整根管子的總壓固定，試計算穩定態下 CH_4 的質傳通量。

[1-3-6]

一個萘丸的半徑是 10 mm，被放置在 1 atm、52℃下，而萘在此溫度下的蒸氣壓是 1.0 mmHg，擴散係數為 7×10^{-6} m^2/s。試計算萘丸表面的蒸發速率。

第二章

[2-1-1]

一個攪拌槽的葉片轉速 N、葉片直徑 D、溶液密度 ρ、溶液黏度 μ、重力加速度 g，皆會影響攪拌所需的功率 P，試用因次分析法找出放大攪拌槽的規模所需要的無因次數。

[2-1-2]

一個具有檔板的攪拌槽，使用的葉片直徑為 1 m。在攪拌某種流體時，施加功率為 1.28 W，產生的轉速為 12 rpm，可形成層流；施加功率為 100 kW，轉速為 120 rpm，則形成紊流。已知層流狀態下，$N_p \times Re = 80$，在紊流狀態下，$N_p = 5$，試求此流體的密度和黏度。

[2-3-1]

有兩座填充床，分別放置立方體和長度為直徑的 1.5 倍之圓柱體，何者接觸流體之情形較接近放置球體的填充床？

[2-3-2]

有一座填充床中放置了長度與直徑相等的圓柱體，其比重為 1.6，直徑為 2 cm。若填充床的整體密度為 960 kg/m^3，試求此填充床的孔隙度與有效比表面積？

[2-4-1]

一座流體化床填充的顆粒具有密度 2500 kg/m^3，通入空氣之密度為 2 kg/m^3，達到最小流體化時，床高為 0.3 m，孔隙度為 0.4，試計算此時的壓降。若繼續提升床高成為 0.4 m，則其孔隙度將為何？

第三章

[3-1-1]

水中有少量懸浮微粒 A 和 B，其粒徑皆介於 7 到 70 μm 之間，兩者的比重分別為 8 和 2.75。兩者在水中沉降時，可以分離出的 A 粒子之最小粒徑約為何？

[3-2-1]

一個實驗用的離心機操作轉速爲每秒 800 轉，槽壁的半徑爲 2.25 cm，旋轉時液面到軸心的距離爲 1.65 cm，物料入口至出口的距離爲 11.5 cm。此離心機用於分離培養液之中的細菌，已知培養液的密度爲 1.0 g/cm³，黏度爲 15 cp，細菌的密度爲 1.05 g/cm³，尺寸爲 0.7 μm，試求其流量。

[3-3-1]

從一組恆壓過濾泥漿的實驗可得到操作時間 t 對濾液體積 V 的關係： $\dfrac{t}{V} = 3 \times 10^6 V + 6000$，

其中 t 與 V 的單位分別爲 s 和 m³。已知所用壓濾機的壓差爲 400 kN/m²，過濾面積爲 0.05 m²，泥漿中的固粒濃度爲 25 kg/m³，試計算濾餅的比阻力 α 和過濾介質阻力 R_m。

[3-3-2]

有一部壓濾機具有 0.1 m² 的過濾面積，在恆壓操作下，過濾 50 s 可得到濾液 3.91 L，過濾 100 s 可得到濾液 5.75 L，試計算過濾 200 s 時可得到的濾液體積。

[3-5-1]

在單級瀝取器中，欲利用己烷（C）將大豆（B）中所含的油（A）瀝取出來，已知底流爲 B 與 A 之混合物，總流率爲 100 kg/h，含有 A 成分 22 wt%；溢流爲 C 與 A 之混合物，總流率爲 100 kg/h，含有 A 成分 3 wt%。若底流中，不可溶相對可溶相的比值 $K = 1.5$，試求出產品的流率和組成。

[3-5-2]

有一種固體重 3750 kg，其中含有 1350 kg 的 Na_2CO_3，欲使用 4000 kg 的水溶出，其餘的成分則不可溶。此程序採用逆流式平衡操作，若各級的底流中維持 60 wt% 的不可溶固體，試計算一個三級程序的溢流 Na_2CO_3 含量。

[3-6-1]

有一種含水固體送入乾燥器，流量爲 2 kg/s。已知原料的含水量爲 5 wt%，乾燥器內使用的熱空氣之溫度與溼度分別爲 20℃ 與 0.007 kg H_2O/kg dry air，流入之前會先預熱至 125℃。若產物的含水量可降至 0.5 wt%，排出的空氣溫度爲 80℃，則此乾燥器使用的空氣流量爲何？

第四章

[4-1-1]

一含有 42 mol% A 和 58 mol% B 的混合物以 200 kmol/h 流入在 1 atm 下操作的蒸餾塔，所得到的塔頂產品含 97 mol% 的 A，塔底產品含 1 mol% 的 A。若入料被加熱成爲 40 mol% 的液體與 60 mol% 的氣體，試計算：

(a) 產品的流率。

(b) 最小回流比 R_m。
(c) 全回流時的理論板數。
(d) 回流比是 2.5 時的理論板數。

溫度 (K)	409	403	393	384	376	372
x_A	0.00	0.08	0.25	0.46	0.79	1.00
y_A	0.00	0.23	0.51	0.73	0.90	1.00

[4-1-2]

在 1 atm 下,將 100 kmol/h 的原料加入「增濃塔」中。若入料爲露點下之飽和蒸氣,其中含 40 mol% 的苯與 60 mol% 的甲苯,且餾出物含 90 mol% 的苯,回流比設定爲 4。試計算塔頂產品與塔底產品之流率與組成,以及所需理論板數。

[4-1-3]

一個分餾塔用來分離苯(A)和甲苯(B)的混合液,其中苯的莫耳分率佔一半。其進料速率 F = 10000 kmol/h,塔頂產物中苯佔 0.95(mol%),塔底產物中則佔 0.04(mol%)。已知由塔頂排出且流入冷凝器的蒸汽速率爲 8000 kmol/h,試問本系統的回流比爲何?

[4-1-4]

一座精餾塔用來分離苯和甲苯的混合液,其中苯的莫耳分率佔 25%。若塔頂餾出液中需含 98%,塔底餾餘液含苯 8.5%,回流比爲 5,進料溫度處於泡點。已知苯對甲苯的相對揮發度爲 2.47,試問本精餾塔的理論板數爲何?

[4-2-1]

有一種溶劑被用來萃取水中的醋酸,已知此溶劑不溶於水,醋酸在此溶劑與水平衡時的重量百分率濃度比值爲 0.66。現有 13500 kg 之醋酸水溶液,醋酸的含量爲 8 wt%,若經上述溶劑萃取後,水溶液中只剩 1 wt% 的醋酸,則此程序需要使用多少溶劑?

[4-2-2]

一個 400 kg 的水溶液中含有 35 wt% 的醋酸,和 400 kg 的純異丙醚接觸後醋酸會被萃取而離開水溶液。試計算平衡之後兩液相之組成與總量,以及醋酸被萃取的比例。平衡資料參考 91 頁範例。

[4-2-3]

一水溶液中含有 1.5 wt% 的尼古丁,以 1000 kg/h 流入多級逆流的萃取反應器中。萃取所用的溶劑爲含有 0.05 wt% 尼古丁的 kerosene,其流速爲 2000 kg/h。若整個程序必須去除 90 % 的尼古丁,試計算反應器的理論級數。水與 kerosene 不互溶,尼古丁在兩相間的平衡關係爲 $y_{(kerosene)} = 0.9 \, x_{(water)}$。

[4-2-4]

使用純乙醚萃取醋酸水溶液中的醋酸,其中醋酸水溶液共計 100 kg,醋酸的質量分率為 0.2,希望萃取後剩下的質量分率為 0.1。定義醋酸為 A、水為 B、純乙醚為 C,萃取相的質量分率以 y 表示,萃餘相的質量分率以 x 表示,現已知平衡關係包括:

$$y_A = 1.36x_A^{1.2}$$
$$y_C = 1.62 - 0.64\exp(2y_A)$$
$$x_C = 0.067 + 1.43x_A^{2.28}$$

試求純乙醚的用量,以及萃取相中的醋酸含量。

[4-3-1]

在一個逆流多級板塔中,欲以純水來吸收空氣中所含的丙酮(A)。已知進料氣體流率為 30 kmol/h,含有 1.0 mol% 的丙酮;進料液體流率為 108 kmol/h,欲吸收掉 90% 的丙酮。若程序操作在 1 atm,300 K 下,氣液平衡關係為 $y_A = 2.53x_A$,試計算所需的理想級數。

[4-3-2]

在一座吸收塔中,用純水來吸收混合氣體中所含的氨,已知操作條件為 1 atm、300 K,氨的氣液平衡關係為 $y = 1.2x$,其中的 y 和 x 分別是氨在氣相和液相中的莫耳分率。另也知氨在氣相和液相中的質傳係數分別為 5.3×10^{-4} kmol/m$^2 \cdot$s 和 5.3×10^{-3} kmol/m$^2 \cdot$s。現於塔中的特定高度上測得 $y = 0.05$ 且 $x = 0.012$,試求此處的質傳速率,並判斷吸收程序受到氣相控制或液相控制。

[4-3-3]

一座吸收塔中使用純水來吸收混合氣體中所含的氨,已知操作條件為 1 atm、300 K,氨的氣液平衡關係為 $y = 1.2x$,其中的 y 和 x 分別是氨在氣相和液相中的莫耳分率,且塔直徑為 1 m,氣相流率為 0.25 kmol/s,入口處含有 2% 的氨,出口處含有 0.1% 的氨。另也知此程序的質傳係數與氣液接觸比表面積的乘積為 5.2×10^{-2} kmol/m$^3 \cdot$s。試求此吸收塔的最小液氣流量比,另求實際操作的液氣流量比為最小值的 1.2 倍時的塔高。

[4-4-1]

若 2.5 m^3 的廢水流進一個含有 3.0 kg 活性碳的吸附反應器後,使其中包含的 0.625 kg 酚被活性碳吸附,達成平衡時,吸附關係為:$q = 0.2c^{0.25}$,試計算酚被去除的比例。

[4-4-2]

1 L 的水中含有 0.01 mol 的酚,之中加入 5 g 全新的活性碳,在定溫下達成平衡。已知此溫度下酚的吸附量 q 與水中濃度 c 的平衡關係為:$q = 2.16c^{0.23}$,其中 q 的單位為 mmol/g,c 的單位為 mmol/L。試計算酚被去除的比例。

[4-5-1]

在一個交換樹脂中，欲使用 H^+ 來交換溶液中的 NH_4^+。若交換樹脂的總容量為 $Q = 2.0$ eq/L，溶液的當量濃度為 c = 0.2 N。試計算溶液中的 NH_4^+ 濃度為 0.04 N 且到達吸附平衡時，交換樹脂中被吸附的 NH_4^+ 當量數。

[4-7-1]

濃度為 2.0 wt% 的鹽水溶液，其比熱為 4.10 J/g-K，溫度為 311 K，以流率 4500 kg/h 進入一個單效蒸發器中，最後被濃縮成 3.0 wt%。此蒸發器操作在 1 atm 下。若蒸發所用的是 383 K 的飽和蒸汽，且假設溶液沸騰的溫度與純水相同，試計算產品流率和蒸汽效益。

[4-8-1]

房間內的空氣處於 36℃ 與 101.3 kPa 下，其中水蒸汽的分壓為 3.6 kPa。試計算溼度 H、飽和溼度 H_s、溼度百分率 H_p、相對溼度百分率 H_R。

[4-8-2]

一個溼空氣的乾球溫度是 60℃，露點是 30℃。試計算此空氣的溼度 H。

[4-9-1]

KOH 溶液以 875 kg/h 流入結晶器，操作溫度是 10℃，蒸發部份水分後可得產物 $KOH \cdot 2H_2O$，剩餘溶液則排出。若取 5 g 的原料以 0.85 M 的 H_2SO_4 滴定，使用 22.4 mL 可達終點，試計算原料中 60% 的 KOH 被結晶時，結晶器的水蒸發速率必須為何？已知 10℃ 下 KOH 的溶解度為 103 kg KOH/100 kg H_2O。

[4-9-2]

一個 100 kg 的 $Ba(NO_3)_2$ 溶液含有 30.6 kg $Ba(NO_3)_2$/100 kg H_2O。溶液送入結晶器後被冷卻而使 $Ba(NO_3)_2$ 被析出。但冷卻時，有 10 % 的水被蒸發，試計算溶液冷卻到 290 K 時可得到的晶體重量。在 290 K 下，溶解度為 8.6 kg $Ba(NO_3)_2$/100 kg H_2O。

[4-10-1]

流量為 100 kmol/h 的空氣送入一個薄膜分離器中，所用的薄膜較易讓氧氣穿透。已知空氣中的氧氣之莫耳分率為 21%，其餘皆為氮氣。當穿透的氣體中，氧氣之莫耳分率提升至 50%，且輸入的氧氣有 50% 穿透時，殘餘氣體的流量與組成應為何？

[4-10-2]

一個用於人工腎臟的薄膜厚度為 0.029 mm。在 37℃ 時，薄膜的兩邊分別有 $c_1 = 1 \times 10^{-4}$ mol/cm³ 和 $c_1 = 5 \times 10^{-7}$ mol/cm³ 的食鹽水，兩者的質傳係數為 $k_1 = k_2 = 5.24 \times 10^{-5}$ m/s。在穩定態下，實驗測得 NaCl 的質傳通量為 $N_A = 8.11 \times 10^{-4}$ mol/m²-s，試計算薄膜的穿透係數。

[4-10-3]

一個厚度為 d = 0.002 cm 的薄膜用來分離 A 和 B，它對 A 的穿透度 $P_A' = 4 \times 10^{-8}$ cm^3(STP)·cm/cm^2·s·cmHg，分離比 $\alpha = 10$。若進入完全混合模式的反應器之流率為 $L_F = 2 \times 10^3$ cm^3/s，組成為 $x_F = 0.413$，壓力為 80 cmHg；排出端的組成為 $x_O = 0.3$；穿透端的壓力為 20 cmHg。試計算穿透端的組成與所需的薄膜面積。

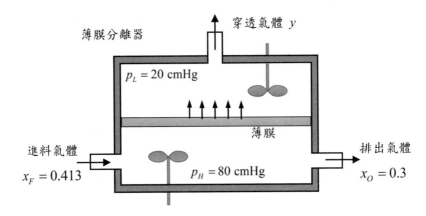

[4-10-4]

利用超濾管的側壁可允許水滲透而濃縮原料，現有溶質濃度為 5 kg/m^3 的原料液流入超濾管組成的管束，期望在出口處濃縮成 50 kg/m^3。已知超濾管的直徑為 1 cm、長度為 2 m，操作的壓差為 200 kPa，水的穿透係數為 1.8×10^{-4} m/(kPa·h)，若每小時要處理 0.3 m^3 的原料，則此管束需要多少根超濾管？

習題解答

第一章

[1-2-1]

1. 輸入時，A 的流量爲 5 kg/h，B 的流量爲 95 kg/h，溶劑 P 的流量爲 P。
2. 操作後，需要萃取出 4.5 kg/h 的 A，所以萃餘相中還含有 0.5 kg/h。
3. 根據分布係數 $K = 0.15 = \dfrac{4.5/(4.5+P)}{0.5/(0.5+95)}$，可得 $P = 5725.5$ kg/h。

[1-2-2]

1. 假設苯蒸氣從 580℃降溫到 80.1℃，放熱 ΔH_1，再液化放熱 ΔH_2，之後再降溫至 25℃成爲產物，放熱 ΔH_3，故此流程的總放熱速率爲：$\Delta H = \Delta H_1 + \Delta H_2 + \Delta H_3$。其中

   $\Delta H_1 = (154.5)(80.1-580) = -77.23$ kJ/mol

   $\Delta H_2 = -30.765$ kJ/mol

   $\Delta H_3 = (140)(25-80.1) = -7.70$ kJ/mol

2. 此外，在 25℃下，苯的產物流量 $n = \dfrac{\rho V}{Mt} = \dfrac{(879)(1.75)}{(78)(120)} = 0.164$ kmol/s

3. 因此，總熱傳速率 $Q = \Delta H = (0.164)(-77.23-30.765-7.70) = -18974$ kW。

[1-2-3]

1. 假設排出蒸汽的重量爲 V，濃縮液之重量爲 L，則根據質量均衡：$V + L = 10$。
2. 對於糖分，亦可進行質量均衡：$(0.05)(10) = (0.2)L$，故可得到 $L = 2.5$ kg，也可得到 $V = 7.5$ kg。

[1-3-1]

1. 根據質量均衡：$\dfrac{dm}{dt} = \dot{m}_{in} - \dot{m}_{out}$，其中 $\dot{m}_{in} = 10$ 且 $\dot{m}_{out} = 5$，另已知最初有 100 kg 鹽水，故可解得 $m = 100 + 5t$。因爲此槽最多只能承載 500 kg，所以裝滿的時間爲 80 h。
2. 對於食鹽的質量 m_s 可表示爲：$m_s = (100+5t)w$，其中的 w 是槽內的質量分率。針對食鹽進行質量均衡可得：$\dfrac{d[(100+5t)w]}{dt} = (10)(0.1) - (5)(w) = 1 - 5w$，化簡後成爲 $(100+5t)\dfrac{dw}{dt} = 1 - 10w$。可從中解出：$w(t) = \dfrac{1}{10} - \dfrac{20}{(t+20)^2}$。
3. 操作 20 小時後，質量分率爲 $w(20) = 0.0875$，所以此時的食鹽總重爲：$m(20)w(20) = (100 + 5 \times 20)(0.0875) = 17.5$ kg。

[1-3-2]

1. 由於探討的對象是不可壓縮牛頓流體,故可使用連續方程式與 Navier-Stokes 方程式描述穩定態下的質量均衡與動量均衡:

$$\nabla \cdot \mathbf{v} = 0$$

$$\mu \nabla \cdot \nabla \mathbf{v} - \nabla p + \rho g = 0$$

2. 因為系統屬於圓管,比較適合使用圓柱座標,而且三個速度分量中只有 $\mathbf{v}_z \neq 0$,$\mathbf{v}_r = \mathbf{v}_\theta = 0$,另在完全發展狀態下,$\mathbf{v}_z$ 只隨著 r 而變化,代表 $\dfrac{\partial \mathbf{v}_z}{\partial \theta} = \dfrac{\partial \mathbf{v}_z}{\partial z} = 0$。因此連續方程式(質量均衡)將成為:$0 = 0$,表示速度分量的假設合理。

3. 另再假設壓力 p 只沿著 z 而改變,使 $\dfrac{\partial p}{\partial r} = \dfrac{\partial p}{\partial \theta} = 0$;且因水管水平放置,重力加速度的 z 分量為 0,使 z 方向上的運動方程式(動量均衡)成為:

$$-\frac{\partial p}{\partial z} + \frac{\mu}{r} \frac{\partial}{\partial r} \left(r \frac{\partial \mathbf{v}_z}{\partial r} \right) = 0$$

4. 假設重新排列上式,並轉為常微分型式,可成為:$\dfrac{\mu}{r} \dfrac{d}{dr} \left(r \dfrac{d\mathbf{v}_z}{dr} \right) = \dfrac{dp}{dz}$。

5. 由於等式的左側為 r 的函數,但右側卻為 z 的函數,因此兩側都必須等於同一常數才能相等。已知圓管入口與出口的壓差為 $\Delta p = p_0 - p_L$,長度為 L,所以可得到:

$$\frac{\mu}{r} \frac{d}{dr} \left(r \frac{d\mathbf{v}_z}{dr} \right) = \frac{dp}{dz} = -\frac{\Delta p}{L}$$

6. 求解這個二階微分方程式可得到速度分布:$\mathbf{v}_z = -\dfrac{\Delta p}{4\mu L} r^2 + c_1 \ln r + c_2$

   其中 c_1 和 c_2 是積分產生的待定常數。已知在管軸 $(r = 0)$,$\mathbf{v}_z$ 具有最大值;在管壁 $(r = R)$,流體無滑動,使 $\mathbf{v}_z = 0$。從這兩個邊界條件可以決定 c_1 和 c_2,求解後可知 $c_1 = 0$,且 $c_2 = \dfrac{\Delta p}{4\mu L} R^2$,因此 $\mathbf{v}_z$ 的分布應為:$\mathbf{v}_z = \dfrac{\Delta p}{4\mu L} \left(R^2 - r^2 \right)$

7. 由此可發現速度具有拋物線的形狀,從中還可計算出平均速度:$\mathbf{v}_{av} = \dfrac{\int_0^{2\pi} \int_0^R \mathbf{v}_z r dr d\theta}{\pi R^2}$

$$= \frac{\Delta p}{8\mu L} R^2 = \frac{p_0 - p_L}{8\mu L} R^2$$,此即 Hagen-Poiseuille 方程式。

[1-3-3]

1. 根據傅立葉定律,穩定態下的熱通量 q'' 為驅動力 ΔT 除以總熱阻:

$$q'' = \frac{\Delta T}{R_1 + R_2 + R_3} = \frac{1200 - 330}{\dfrac{0.2}{1.4} + \dfrac{0.1}{0.21} + \dfrac{0.2}{0.7}} = 962 \text{ W}$$

2. 隔熱磚兩面的溫差即為熱傳驅動力,等於熱通量與其熱阻的乘積:

$$\Delta T_2 = R_2 q'' = (\frac{0.1}{0.21})(962) = 458\,^{\circ}\text{C}$$

[1-3-4]

1. 已知 $m_c = 3.0$ kg/h、$c_{pc} = 4180$ J/kg·K；$m_h = 4.18$ kg/h；$c_{ph} = 2400$ J/kg·K。因為油的放熱速率等於水的吸熱速率，亦即 $m_h c_{ph}(T_{h1} - T_{h2}) = m_c c_{pc}(T_{c2} - T_{c1})$，所以：$(4.18)(2400)(120 - T_{h2}) = (3)(4180)(40 - 20)$，可得油的出口溫度 $T_{h2} = 95°C$。

2. 接著可計算對數溫度平均差 $\Delta T_{lm} = \dfrac{(120 - 40) - (95 - 20)}{\ln(120 - 40) - \ln(95 - 20)} = 77.47$ K。由此可計算熱傳速率：$q' = (\dfrac{4.18}{3600})(2400)(120 - 95) = UA\Delta T_{lm} = (2)A(77.47)$，所以熱傳面積 $A = 0.45$ m^2。

3. 若此熱交換器改以順流方式，根據相同的能量均衡計算，油的出口溫度仍為 $95°C$，但因流動方向改變，所以 $\Delta T_{lm} = \dfrac{(120 - 20) - (95 - 40)}{\ln(120 - 20) - \ln(95 - 40)} = 75.27$ K，不同於逆流操作。由此可計算熱傳速率：$q' = (\dfrac{4.18}{3600})(2400)(120 - 95) = UA\Delta T_{lm} = U(0.45)(75.27)$，所以 $U = 2.06$ W/m^2·K。

[1-3-5]

此例屬於等莫耳相對擴散，無對流效應，故可使用 Fick 定律計算質傳通量：
$$J_{Az}^* = \frac{D(p_{A1} - p_{A2})}{RT(z_2 - z_1)} = \frac{(0.675 \times 10^{-4})(60.79 - 20.26) \times 10^3}{(8.31)(298)(0.02)} = 0.0552 \text{ mol/m}^2\text{-s}。$$

[1-3-6]

1. 定空氣為 B 成分，萘丸為 A 成分，並假設空氣不會進入萘丸，故在穩定態下，$N_B = 0$。另定義球體表面為位置 1，故其蒸氣之莫耳分率 $x_{A1} = \dfrac{1}{760} = 1.32 \times 10^{-3}$；再定無窮遠處為位置 2，並假設蒸氣無法到達該處，使 $x_{A2} = 0$。

2. 接著可計算出 B 成分莫耳分率之對數平均差：
$$x_{BM} = \frac{(1 - x_{A1}) - (1 - x_{A2})}{\ln\left(\dfrac{1 - x_{A1}}{1 - x_{A2}}\right)} = 0.9993$$

以用於推算 A 成分的莫耳通量。

3. 已知穩定態下 N_A 為定值，且 $N_A = -\dfrac{PD_{AB}}{RT(1 - x_A)} \dfrac{dx_A}{dr}$。求解此式後，可得到 x_A 的分布，再利用 $r_2 \to \infty$ 即可化簡出萘丸表面的蒸發速率：
$$\begin{aligned}
N_{A1} &= \frac{4\pi r_1 D P(x_{A1} - x_{A2})}{RT x_{BM}} \\
&= \frac{(4\pi)(0.01)(7 \times 10^{-6})(1.013 \times 10^5)(1.32 \times 10^{-3} - 0)}{(8.31)(325)(0.9993)} \\
&= 4.35 \times 10^{-8} \text{ mol/s}
\end{aligned}$$

第二章

[2-1-1]

1. 功率 P 的 SI 制單位為 W，或 kg·m²/s³。葉片轉速 N 的 SI 制單位為 1/s。葉片直徑 D 的 SI 制單位為 m。溶液密度 ρ 的 SI 制單位為 kg/m³。溶液黏度 μ 的 SI 制單位為 kg/m·s。重力加速度 g 的 SI 制單位為 m/s²。

2. 無因次數的數量為變數數目減基本單位數目，亦即 6－3＝3。假設這三個無因次數

分別為：$\begin{cases} Q_1 = \rho^a N^b D^c P \\ Q_2 = \rho^d N^e D^f \mu \\ Q_3 = \rho^i N^j D^k g \end{cases}$

3. 對於 Q_1，其質量單位為：$a + 1 = 0$，故 $a = -1$；其長度單位為：$-3a + c + 2 = 0$，故 $c = -5$；其時間單位為 $-b - 3 = 0$，故 $b = -3$。因此可得：$Q_1 = \dfrac{P}{\rho N^5 D^3}$。

4. 同理可得 $Q_2 = \dfrac{\mu}{\rho N D^2}$，且 $Q_3 = \dfrac{g}{N^2 D}$。參考 2-1 節，可發現 $Q_1 = N_p$、$Q_2 = \dfrac{1}{\mathrm{Re}}$、$Q_3 = \dfrac{1}{\mathrm{Fr}}$。規模放大時，可使用 $N_p = f(\mathrm{Re}, \mathrm{Fr})$ 的函數關係。

[2-1-2]

1. 在層流時，轉速 $\omega = \dfrac{12}{60} = 0.2$ rps，$\mathrm{Re} = \dfrac{\rho \omega D^2}{\mu} = \dfrac{\rho(0.2)(1)^2}{\mu} = 0.2 \dfrac{\rho}{\mu}$，$N_p = \dfrac{P}{\rho \omega^5 D^3} = \dfrac{1.28}{\rho(0.2)^5(1)^3} = \dfrac{4000}{\rho}$，因此 $\dfrac{4000}{\rho} \times 0.2 \dfrac{\rho}{\mu} = 80$，可得到黏度 $\mu = 10$ Pa·s。

2. 在紊流時，轉速 $\omega = \dfrac{120}{60} = 2$ rps，$N_p = \dfrac{P}{\rho \omega^5 D^3} = \dfrac{100000}{\rho(2)^5(1)^3} = \dfrac{3125}{\rho} = 5$，可得到密度 $\rho = 625$ kg/m³。

[2-3-1]

1. 這兩種填料可與球形粒子比較，以圓球度顯示偏離球形的程度。

2. 對於立方體，假設邊長為 L，則同體積球的直徑為：$d = \sqrt[3]{\dfrac{6}{\pi}} L = 1.24L$，故其圓球度 $\phi_s = \dfrac{\pi d^2}{S} = \dfrac{\pi(1.24L)^2}{6L^2} = 0.806$。

3. 對於長度為直徑的 1.5 倍之圓柱體，假設長為 L，截面直徑為 $\dfrac{2}{3}L$，則同體積球的直徑為：$d = \sqrt[3]{\dfrac{2}{3}} L = 0.874L$，故其圓球度 $\phi_s = \dfrac{\pi d^2}{S} = \dfrac{\pi(0.874L)^2}{\dfrac{2}{3}\pi L^2 + \dfrac{2}{9}\pi L^2} = 0.859$。

4. 因此圓柱體較接近圓球。

[2-3-2]

1. 已知填充床的整體密度 $\rho_{PB} = 960$ kg/m^3，體積爲 V_{PB}；填料的密度 $\rho_p = 1600$ kg/m^3，體積爲 V_p，故其孔隙度 $\varepsilon = 1 - \dfrac{V_p}{V_{PB}} = 1 - \dfrac{\rho_{PB}}{\rho_p} = 1 - \dfrac{960}{1600} = 0.4$。

2. 單個填料的總表面積 $S = \dfrac{1}{2}\pi d^2 + (\pi d)d = \dfrac{3}{2}\pi d^2$，其中 $d = 0.02$ m；其體積爲 $V = (\dfrac{1}{4}\pi d^2)d = \dfrac{1}{4}\pi d^3$。

3. 有效比表面積 $a = \dfrac{6}{d_{eq}}(1-\varepsilon) = \dfrac{S}{V}(1-\varepsilon) = \dfrac{\dfrac{3}{2}\pi(0.02)^2}{\dfrac{1}{4}\pi(0.02)^3}(1-0.4) = 180$ m^{-1}

[2-4-1]

1. 達最小流體化時，拖曳力、浮力與重力達成平衡，可得到壓降：
$\Delta p = L_{mf}(1-\varepsilon_{mf})(\rho_p - \rho)g = (0.3)(1-0.4)(2500-2)(9.8) = 4406$ Pa。

2. 由於固體粒子的總體積不變，可推得 $LA(1-\varepsilon)$ 爲定值，其中 A 是截面積。因此，$L_{mf}(1-\varepsilon_{mf}) = L(1-\varepsilon)$，可得到之後的孔隙度：$\varepsilon = 1 - \dfrac{L_{mf}}{L}(1-\varepsilon_{mf}) = 1 - \dfrac{0.3}{0.4}(1-0.4) = 0.55$。

第三章

[3-1-1]

1. 可假設粒子之間不會互相碰撞或影響，並假設沉降的速度緩慢，可使用 Stokes 定律估計。因此，粒徑最大的 B 應該具有速度：
$\mathbf{v} = \dfrac{d_B^2(\rho_B - \rho)g}{18\mu} = \dfrac{(0.007)^2(2.75-1)(980)}{(18)(0.01)} = 0.468$ cm/s

2. 另可計算 $\mathrm{Re} = \dfrac{\rho d_B \mathbf{v}}{\mu} = \dfrac{(1)(0.007)(0.468)}{(0.01)} = 0.328$，符合 Stokes 定律的適用範圍。

3. 具有相同速度的 A 粒子應該具有直徑：
$d_A = \sqrt{\dfrac{18\mu\mathbf{v}}{(\rho_A - \rho)g}} = \sqrt{\dfrac{(18)(0.01)(0.468)}{(8-1)(980)}} = 35$ μm

4. 所以大於 35 μm 的 A 粒子將會脫離 B 粒子而被分出。

[3-2-1]

1. 若假設細菌往徑向的移動符合 Stokes 定律，則其速度可表示爲：
$\dfrac{dr}{dt} = \dfrac{r\omega^2 d^2(\rho_p - \rho)}{18\mu}$
其中 $\omega = 800$ rps $= 5030$ rad/s，$d = 0.00007$ cm，$\rho_p = 1.05$ g/cm^3，$\rho = 1$ g/cm^3，$\mu = 0.015$ g/cm·s。

2. 另可假設軸向為等速運動，其速度可表示為：

$$\frac{dz}{dt} = \frac{Q}{\pi(R_0^2 - R_1^2)}$$

其中 $R_0 = 2.25$ cm，$R_1 = 1.65$ cm，Q 為入口流量。聯立求解徑向速度和軸向速度時，可得到細菌的運動軌跡：$\dfrac{dr}{dz} = \dfrac{\pi r \omega^2 d^2 (\rho_p - \rho)(R_0^2 - R_1^2)}{18\mu Q}$。

3. 對於入口處的細菌，其位置為 $z = 0$, $r = R_1$，當軸向位移到達 $z = L$ 時，徑向位移恰可到達 $r = R_0$，則從上式可計算出流量：

$$
\begin{aligned}
Q &= \left[\frac{d^2(\rho_p - \rho)}{18\mu}\right]\left[\frac{\pi L \omega^2 (R_0^2 - R_1^2)}{\ln(R_0 / R_1)}\right] \\
&= \left[\frac{(0.00007)^2(1.05-1)}{(18)(0.015)}\right]\left[\frac{\pi(11.5)(5030)^2(2.25^2 - 1.65^2)}{\ln(2.25/1.65)}\right] \\
&= 6.26 \text{ cm}^3/\text{s}
\end{aligned}
$$

[3-3-1]

1. 由於 $\dfrac{t}{V} = 3 \times 10^6 V + 6000$，根據恆壓過濾的原理，可得知 $3 \times 10^6 = \dfrac{\mu c \alpha}{2A^2 \Delta p}$，其中 $c = 25$ kg/m^3，$\mu = 0.001$ kg/m·s，$A = 0.05$ m^2，$\Delta p = 400$ kN/m^2，因此：

$$\alpha = \frac{6 \times 10^6 A^2 \Delta p}{\mu c} = \frac{(6 \times 10^6)(0.05)^2(400 \times 10^3)}{(0.001)(25)} = 2.4 \times 10^{11} \text{ m/kg}$$

2. 另可知 $6000 = \dfrac{\mu R_m}{A \Delta p}$，所以

$$R_m = \frac{6000 A \Delta p}{\mu} = \frac{(6000)(0.05)(400 \times 10^3)}{0.001} = 1.2 \times 10^{11} \text{ 1/m}$$

[3-3-2]

1. 假設過濾時間為 t，濾液體積為 V，根據恆壓過濾的原理，可得知 $\dfrac{t}{V} = aV + b$，其中 a 和 b 是常數，故從題目條件可知：$\begin{cases} \dfrac{50}{3.91} = 3.91a + b \\ \dfrac{100}{5.75} = 5.75a + b \end{cases}$，所以可解出 $a = 2.5$，$b = 3$。

2. 所以過濾 200 s 時，可得到的濾液體積：

$$V = \frac{-b + \sqrt{b^2 + 4at}}{2a} = \frac{-3 + \sqrt{3^2 + 4(2.5)(200)}}{(2)(2.5)} = 8.36 \text{ L}$$

[3-5-1]

1. 混合物 $M = L_0 + V_2 = 22 + 100 = 122$，且不可溶相 $B = 78$。
2. 對於 A 成分，$L_0 y_{A0} + V_2 x_{A2} = 22 + 100(0.03) = Mx_{AM} = 122x_{AM}$，所以混合物中的 A 成

分含量為 $x_{AM} = 0.205$。

3. 混合物中的不可溶相 $B = K_M M = 122K_M = 78$，所以 $K_M = 0.639$。

4. 在 K-x/y 圖中畫出 MV_2L_0，所以可得 $y_{A1} = x_{A1} = 0.0205$。

5. 由於 $K_1 = 1.5$，不可溶相 $B = K_1 L_1 = 1.5 L_1 = 78$，所以 $L_1 = 52$ kg，又因為 $M = L_1 + V_1 = 122$，因此 $V_1 = 70$ kg。

[3-5-2]

1. 令為 A 代表 Na_2CO_3，B 代表固體中不可溶成分，C 為水。

2. 則進料可溶相總量 $L_0 = 1350$ kg，A 在可溶相中的比例 $y_0 = 1$，不可溶相 $B = 2400$ kg。溶劑進料量為 $V_4 = S = 4000$ kg。

3. 各級底流中，不可溶相和可溶相的重量比 $K = \dfrac{B}{L_n} = \dfrac{0.6}{0.4} = 1.5$。故可預測第三級出口處的底流可溶相的重量為 $L_3 = \dfrac{B_3}{K} = \dfrac{2400}{1.5} = 1600$ kg，也代表第一級出口的溢流重量 $V_1 = L_0 + V_4 - L_3 = 1350 + 4000 - 1600 = 3750$ kg。

4. 此外，因為底流中可溶相的比例固定，根據各級總質量均衡可得到 $L_1 = L_2 = L_3 = \dfrac{B}{K}$ $= 1600$ kg，且溢流 $V_2 = V_3 = V_4 = S = 4000$ kg。

5. 在平衡操作下，每一級的底流與溢流含量相同，亦即 $x_1 = y_1 \cdot x_2 = y_2 \cdot x_3 = y_3$。根據各級的 A 成分質量均衡，可列出以下方程式：

$$\begin{cases} L_0 + Sx_2 = (S + L_0)x_1 \\ \dfrac{B}{K}x_1 + Sx_3 = (S + \dfrac{B}{K})x_2 \\ \dfrac{B}{K}x_2 = (S + \dfrac{B}{K})x_3 \end{cases} \Rightarrow \begin{cases} 1350 + 4000x_2 = 5350x_1 \\ 1600x_1 + 4000x_3 = 5600x_2 \\ 1600x_2 = 5600x_3 \end{cases} \Rightarrow \begin{cases} x_1 = 0.346 \\ x_2 = 0.124 \\ x_3 = 0.035 \end{cases}$$

6. 因此，溢流出口可得到 $V_1 x_1 = (3750)(0.346) = 1298$ kg 的 Na_2CO_3，代表可以溶出的比例為 $r = \dfrac{1298}{1350} = 96.1\%$。

[3-6-1]

1. 原料中含有水分 5 wt%，所以乾固體的流量為 $m_S = (2)(1 - 0.05) = 1.9$ kg/s，入口水分流量為 0.1 kg/s。

2. 出口產物的乾固體流量亦為 1.9 kg/s，水分占 0.5 wt%，所以出口水分流量為 $\dfrac{(1.9)(0.005)}{0.995} = 0.00955$ kg/s，代表蒸發的水分流量為：

$m_V = 0.1 - 0.00955 = 0.09045$ kg/s。

3. 已知入口空氣之溼度 $H_1 = 0.007$ kg H_2O/kg dry air，並選擇 $T_0 = 0°C$ 的水為焓的基準，從蒸汽表可查得 0°C 的蒸發熱 $\lambda_0 = 2501$ kJ/kg，所以入口空氣的焓 E_1 為：

$E_1 = (1.005 + 1.88H_1)(T_1 - T_0) + \lambda_0 H_1 = 144.8$ kJ/kg dry air。

其中乾空氣的比熱爲 1.005 J/g．K，蒸汽的比熱爲 1.88 J/g．K（請見 4-8 節）。

4. 對於出口的空氣，其溫度 $T_2 = 80°C$。假設乾燥器無熱量損失，也沒有被加熱，空氣降溫釋放的熱量皆用於水分蒸發，故其焓 $E_2 = E_1 = 144.8$ kJ/kg dry air，所以可解得溼度 H_2 爲：

$$H_2 = \frac{E_2 - 1.005(T_2 - T_0)}{1.88(T_2 - T_0) + \lambda_0} = 0.02428 \text{ kJ H}_2\text{O/kg dry air} \, \circ$$

5. 因此，空氣流量 $m_{air} = \dfrac{m_V}{H_2 - H_1} = \dfrac{0.09045}{0.02428 - 0.007} = 5.23$ kg/s

第四章

[4-1-1]

1. 已知 $F = 200$ kmol/h，$x_F = 0.42$，$x_D = 0.97$，$x_W = 0.01$，$q = 0.4$。

2. 由質量守恆可知：$\begin{cases} D + W = 200 \\ 0.97D + 0.01W = 200 \times 0.42 \end{cases}$，所以 $D = 85.42$ kmol/h，

   $W = 114.58$ kmol/h。

3. 入料線 $y = -0.667x_n + 0.7$ 與平衡線交點爲 $(0.261, 0.523)$。

4. 所以 $\dfrac{R_m}{R_m + 1} = \dfrac{0.97 - 0.523}{0.97 - 0.261}$，可解得最小回流比 $R_m = 1.70$。

5. 全回流時，由作圖法可得理論板數爲 6.2 個。

6. 當 $R = 2.5$，增濃段操作線爲：$y_{n+1} = 0.714x_n + 0.277$，入料線爲：$y = -0.667x_n + 0.7$。
   由作圖法可得理論板數爲 11.0 個。

[4-1-2]

1. 已知 $F = 100$ kmol/h，$x_F = 0.4$，$x_D = 0.9$，$R = 4$，$q = 0$。

2. 由質量守恆可知：$\begin{cases} D + L = 100 \\ R = L / D = 4 \end{cases}$，所以 $D = 20$ kmol/h，$W = L = 80$ kmol/h。

3. 塔底產品之組成 $x_W = \dfrac{Fx_F - Dx_D}{L} = 0.275$。

4. 增濃段操作線的斜率爲 $\dfrac{R}{R+1} = 0.8$，操作線爲 $y_{n+1} = 0.8x_n + 0.18$。

5. 入料線爲：$y = x_F = 0.4$。

6. 由作圖法可得理論板數爲 4.7 個。

[4-1-3]

1. 已知 $F = 10000$ kmol/h，$x_F = 0.5$，$x_D = 0.95$，$x_W = 0.04$。

2. 由質量守恆可知：$\begin{cases} D + W = 10000 \\ 0.95D + 0.04W = (0.5)(10000) \end{cases}$，所以 $D = 5055$ kmol/h，$W = $

   4945 kmol/h。

3. 在第一板上，$L_0 = V_1 - D = 8000 - 5055 = 2945 \text{kmol/h}$，故回流比 $R = \dfrac{L_0}{D} = \dfrac{2945}{5055} = 0.583$。

[4-1-4]

1. 已知 $R = 5$ 且 $x_D = 0.98$，可得增濃段操作線：

$$y_{n+1} = \frac{R}{R+1}x_n + \frac{x_D}{R+1} = 0.833x_n + 0.163。$$

2. 氣液平衡方程式：$y_n = \dfrac{\alpha x_n}{1+(\alpha-1)x_n} = \dfrac{2.47x_n}{1+1.47x_n}$，或表示成 $x_n = \dfrac{y_n}{2.47-1.47y_n}$。

3. 在第一板，$y_1 = x_D = 0.98$，由平衡線可求出 $x_1 = 0.952$，再由操作線可求出 $y_2 = (0.833)(0.952) + 0.163 = 0.957$，重複計算後可得到下表：

$y_1 = 0.98$	$x_1 = 0.952$
$y_2 = 0.957$	$x_2 = 0.899$
$y_3 = 0.913$	$x_3 = 0.809$
$y_4 = 0.838$	$x_4 = 0.676$
$y_5 = 0.727$	$x_5 = 0.519$
$y_6 = 0.596$	$x_6 = 0.373$
$y_7 = 0.475$	$x_7 = 0.268$
$y_8 = 0.386$	$x_8 = 0.203$

4. 因為進料溫度為泡點，所以 $q = 1$，且已知 $x_F = 0.25$，可發現 $x_8 < 0.25$，代表第 8 板已進入氣提段。

5. 氣提段的操作線將通過 $(0.085, 0.085)$ 和增濃段操作線與入料線的交點 $(0.25, 0.371)$，因此氣提段操作線為：$y_{n+1} = 1.737x_n - 0.0626$。

6. 在第 9 板，可使用氣提段操作線求出 $y_9 = (1.737)(0.203) - 0.0626 = 0.290$，再使用平衡關係求出 $x_9 = 0.142$。重複計算後可得到：$y_{10} = 0.184$ 和 $x_{10} = 0.084$，代表第 10 板已經達到目標。因此，本精餾塔之理論板數約為 10。

[4-2-1]

1. 令 A 代表醋酸，B 代表水，C 代表萃取劑。原料中 A 的重量為 $W_{FA} = (13500)(0.08) = 1080 \text{ kg}$，B 的重量為 $W_{FA} = (13500)(0.92) = 12420 \text{ kg}$。

2. 萃取後，水溶液中只剩 1 wt% 的 A，所以 $w_{RA} = \dfrac{W_{RA}}{W_{RB}+W_{RA}} = \dfrac{W_{RA}}{12420+W_{RA}} = 0.01$，可解得 $W_{RA} = 125.5 \text{ kg}$。

3. 在萃取相中，A 的重量百分率濃度為：

$$w_{EA} = (0.66)(0.01) = 0.0066 = \frac{W_{FA} - W_{RA}}{W_{EC} + W_{FA} - W_{RA}} = \frac{1080 - 125.5}{W_{EC} + 1080 - 125.5}$$

4. 從中可解得萃取劑的用量 $W_{EC} = 143667$ kg。

[4-2-2]

1. 由質量守衡可知：$L_0 + V_2 = M = L_1 + V_1$，所以 $M = 800$ kg。

2. 由醋酸（A）的質量守衡可知：$L_0 x_{A0} + V_2 y_{A2} = M x_{AM} = 400(0.35) + 400(0)$，所以 $x_{AM} = 0.175$。

3. 由醚（C）的質量守衡可知：$L_0 x_{C0} + V_2 y_{C2} = M x_{CM} = 400(0) + 400(1)$，所以 $x_{CM} = 0.5$。

4. 將 M 畫在三角圖中，再利用平衡資料找出通過 M 的結線，可得到 V_1 和 L_1。

   因此其組成為：$\begin{cases} x_{A1} = 0.255 \\ x_{C1} = 0.030 \\ x_{B1} = 0.715 \end{cases}$，以及 $\begin{cases} y_{A1} = 0.11 \\ y_{C1} = 0.86 \\ y_{B1} = 0.03 \end{cases}$。

5. 由醋酸（A）的質量守衡可知：$L_1 x_{A1} + V_1 y_{A1} = M x_{AM}$，亦即 $L_1(0.255) + V_1(0.11) = 800(0.175)$，且 $L_1 + V_1 = 800$。所以 $\begin{cases} L_1 = 358 \text{ kg} \\ V_1 = 442 \text{ kg} \end{cases}$。

6. 因此，醋酸被萃取的比例為：$\dfrac{0.11(442)}{0.35(400)} \times 100\% = 34.7\%$。

[4-2-3]

1. $L_0 = 1000$ kg/h，$x_0 = 0.015$，所以純水 $L' = 1000(1 - 0.015) = 985$ kg/h。

2. $V_{N+1} = 2000$ kg/h，$y_{N+1} = 0.0005$，所以純溶劑 $V' = 2000(1 - 0.0005) = 1999$ kg/h。

3. 流入的尼古丁 $= 1000(0.015) = 15$ kg/h。

4. 殘餘的尼古丁 $= 0.1(15) = 1.5$ kg/h。所以 $x_N = \dfrac{1.5}{985 + 1.5} = 0.00152$。

5. 因為 $L'\left(\dfrac{x_0}{1 - x_0}\right) + V'\left(\dfrac{y_{N+1}}{1 - y_{N+1}}\right) = L'\left(\dfrac{x_N}{1 - x_N}\right) + V'\left(\dfrac{y_1}{1 - y_1}\right)$，故可解得 $y_1 = 0.0072$。

6. 操作線通過 (0.00152, 0.0005) 和 (0.015, 0.0072)。

7. 由作圖法可得到理論級數為 3.7 個。

[4-2-4]

1. 由於萃餘相的質量分率 $x_A = 0.1$，可計算出萃取相的醋酸質量分率為 $y_A = (1.36)(0.1)^{1.2} = 0.0858$，且 $x_C = 0.067 + (1.43)(0.1)^{2.28} = 0.0745$。

2. 接著可得到 $y_C = 1.62 - 0.64 \exp(2 \times 0.0858) = 0.86$。

3. 若 V、L、S 分別代表萃取相、萃餘相、萃取劑的質量，經由全體質量均衡，以及 A 和 C 的質量均衡可得：$\begin{cases} V + L = S + 100 \\ y_A V + x_A L = 20 \\ y_C V + x_C L = S \end{cases}$

4. 由此可解得萃取劑的用量 $S = 118.5$ kg。

[4-3-1]

1. $L_0 = 108$ kmol/h，$x_0 = 0$，所以純水流量 $L' = 108$ kmol/h。
2. $V_{N+1} = 30$ kmol/h，$y_{N+1} = 0.01$，所以空氣流量 $V' = 30(1-0.01) = 29.7$ kmol/h。
3. 進入 A 的流量爲 $(30)(0.01) = 0.3$ kmol/h。
4. V_1 中所剩下的 A 爲 $(0.3)(0.1) = 0.03$ kmol/h，被吸收的 A 爲 0.27 kmol/h。
5. 因此 $V_1 = 29.7 + 0.03 = 29.73$ kmol/h，$y_1 = \dfrac{0.03}{29.73} = 0.00101$。
6. $L_N = 108 + 0.27 = 108.27$ kmol/h，$x_N = \dfrac{0.27}{108.27} = 0.00249$。
7. 因爲氣液平衡關係爲 $y_A = 2.53x_A$，故可由作圖法得到 3.7 個理想級數。

[4-3-2]

1. 達穩定態時，吸收的質傳速率 $N = k_y(y - y_i) = k_x(x_i - x)$，其中的 y_i 和 x_i 分別界面上的氣相和液相莫耳分率，且氣相和液相的質傳係數分別爲 $k_y = 5.3 \times 10^{-4}$ kmol/m$^2 \cdot$s 和 $k_x = 5.3 \times 10^{-3}$ kmol/m$^2 \cdot$s。
2. 又因爲 $y_i = mx_i$，其中 $m = 1.2$，可假設與 y 平衡的液相莫耳分率爲 x_e，與 x 平衡的液相莫耳分率爲 y_e，經由推導，可得到：
$$N = \frac{y - y_e}{\dfrac{1}{k_y} + \dfrac{m}{k_x}} = \frac{0.05 - (1.2)(0.012)}{\dfrac{1}{5.3 \times 10^{-4}} + \dfrac{1.2}{5.3 \times 10^{-3}}} = 1.68 \times 10^{-5} \text{ kmol/m}^2 \cdot \text{s}$$
3. 因爲 $N = k_y(y - y_i) = k_x(x_i - x)$，由此可求出 $y_i = 0.0182$ 與 $x_i = 0.0152$，可發現氣相中從整體區到界面區的濃度差大於液相中的濃度差，所以可判斷氣相阻力較大。

[4-3-3]

1. 已知液相入口的氨莫耳分率 $x_2 = 0$，氣相入口的氨莫耳分率 $y_1 = 0.02$，出口處爲 $y_2 = 0.001$，但液相出口的莫耳分率 x_1 未知。當吸收塔的操作線與平衡線相交於 (x_1, y_1) 時，氣液流量比達到最小值，所以 $x_1 = x_e = \dfrac{y_1}{m} = \dfrac{0.02}{1.2} = 0.0167$。
2. 依據穩定態下，兩相的質傳速率相等，可得到液氣流量比：
$$\frac{L}{G} = \frac{y_1 - y_2}{x_{1e} - x_2} = \frac{0.02 - 0.001}{0.0167 - 0} = 1.14$$
3. 實際操作時，液氣流量比爲 $\dfrac{L}{G} = (1.2)(1.14) = 1.37$。此時的液相出口的莫耳分率
$$x_1 = \frac{G}{L}(y_1 - y_2) + x_2 = \frac{0.02 - 0.001}{1.37} + 0 = 0.0139。$$
4. 質傳單位數 $N = \displaystyle\int_{y_2}^{y_1} \frac{dy}{y - y_e} = \ln\frac{y_1 - mx_1}{y_2 - mx_2} = \ln\frac{0.02 - 1.2 \times 0.0139}{0.01 - 0} = 1.20$
5. 單位質傳高度 $h = \dfrac{G}{k_y a} = \dfrac{Q}{Ak_y a} = \dfrac{0.25}{\pi(0.5)^2(0.052)} = 6.12$ m

6. 因此塔高 $H = Nh = (1.20)(6.12) = 7.35$ m

[4-4-1]

1. $S = 2.5$ m³，$M = 3$ kg，$c_F = \dfrac{0.625}{2.5} = 0.25$ kg/m³，$q_F = 0$。

2. 因為 $q_F M + c_F S = qM + cS$，所以可得 $(0.25)(2.5) = 3q + 2.5c$。

3. 代入平衡關係後可解得：$c = 0.1113$，$q = 0.1155$。

4. 因此被去除的比例 $r = \dfrac{0.25 - 0.1113}{0.25} \times 100\% = 55.48\%$。

[4-4-2]

1. 已知 $S = 1$ L，$M = 5$ g，$c_F = 10$ mmol/L，$q_F = 0$。

2. 由於質量均衡：$q_F M + c_F S = qM + cS$，所以 $10 = 5q + c$。

3. 因為平衡時 $q = 2.16c^{0.23}$，所以 $10.8c^{0.23} + c = 10$，由此可解得 $c = 0.558$ mmol/L。

4. 因此被去除的比例 $r = \dfrac{10 - 0.558}{10} = 94.42\%$。

[4-5-1]

1. 吸附方程式為：$NH_4^+ + HR \rightarrow NH_4R + H^+$。

2. 平衡常數：$K = \dfrac{c_{H^+} q_{NH_4R}}{c_{NH_4^+} q_{HR}} = \dfrac{2.55}{1.27} = 2.008$

3. 交換樹脂的總容量 $Q = 2 = q_{NH_4R} + q_{HR}$。

4. 溶液的起始當量濃度 $c = 0.2 = 0.04 + c_{H^+}$，所以 $c_{H^+} = 0.16$ N。

5. 因此可解出 $q_{HR} = 1.3316$ eq/L 與 $q_{NH_4R} = 0.6684$ eq/L。

[4-7-1]

1. 假設濃縮液流率為 L，水蒸發速率為 V，從質量守恆可知：
$$\begin{cases} L + V = 4500 \\ 4500(0.02) = L(0.03) \end{cases}$$，從中可解得 $L = 3000$ kg/h，且 $V = 1500$ kg/h。

2. 由於蒸發器操作在 1 atm 下，可選取 $T_1 = 373$ K 下的水為基準，使濃縮液的焓 $h_L = 0$。
另已知原料溶液的比熱 $c_p = 4.10$ kJ/kg·K，溫度 $T_F = 311$ K，則原料溶液的焓為：
$h_F = c_p(T_F - T_1) = 4.10(311 - 373) = -254.2$ kJ/kg。

3. 再從蒸汽表查得 $T_1 = 373$ K 下的焓 $H_V = 2257$ kJ/kg，所用 383 K 飽和蒸汽之潛熱 $\lambda = 2230$ kJ/kg。

4. 根據能量守恆 $Fh_F + S\lambda = Lh_L + VH_V$，亦即：
$4500(-254.2) + S(2230) = 3000(0) + 1500(2257)$，可解得 $S = 2031$ kg/h。

5. 因此，蒸汽效益 $E = \dfrac{V}{S} = \dfrac{1500}{2031} = 0.74$。

[4-8-1]

由蒸氣表查得 36℃下，水的飽和蒸汽壓 p_s 為 5.947 kPa。因此，

1. $H = \dfrac{18.02}{28.97}(\dfrac{3.6}{101.3-3.6}) = 0.0229$ kg H$_2$O/kg air。

2. $H_s = \dfrac{18.02}{28.97}(\dfrac{5.947}{101.3-5.947}) = 0.0388$ kg H$_2$O/kg air。

3. $H_p = \dfrac{H}{H_s} = \dfrac{0.0229}{0.0388} = 59\%$。

4. $H_R = \dfrac{p}{p_s} = \dfrac{3.6}{5.947} = 60.5\%$。

[4-8-2]

由蒸氣表查得在 30℃時，$p_S = 4.246$ kPa，因此

$$H(60^{\circ}\text{C}) = \dfrac{18.02}{28.97}(\dfrac{4.246}{101.3-4.246}) = 0.0272 \text{ kg H}_2\text{O/kg air}。$$

[4-9-1]

1. KOH 水溶液濃度為 $\dfrac{2\times0.85\times0.0224\times56}{5} = 42.6$ wt%。

2. 原料中的 KOH 流率為 $875\times42.6\%/56 = 6.66$ kmol/h。

3. 所得結晶物的產率為 $6.66\times60\%\times92 = 367$ kg/h。

   排出溶液的產率為 $875\times42.6\%\times40\%\times\dfrac{203}{103} = 294$ kg/h。

4. 故須蒸發速率為 $(875 - 367 - 294) = 214$ kg/h。

[4-9-2]

1. 對於 H$_2$O，$\dfrac{100}{130.6}(100) = \dfrac{100}{108.6}(S) + (0.1)\dfrac{100}{130.6}(100)$，所以 $S = 74.8$ kg。

2. 對於 Ba(NO$_3$)$_2$，$\dfrac{30.6}{130.6}(100) = \dfrac{8.6}{108.6}(S) + C$，所以 $C = 17.47$ kg。

[4-10-1]

1. 令 A 代表氧氣，B 代表氮氣。則原料中 A 的流量為：
   $n_{AF} = (100)(0.21) = 21$ kmol/h。

2. 穿透氣體中的 A 流量應為：$n_{AP} = (21)(0.5) = 10.5$ kmol/h。

3. 穿透氣體中的總流量應為：$n_P = (10.5)/50\% = 21$ kmol/h。

4. 因此殘餘氣體的總流量為 $n_R = n_F - n_P = 100 - 21 = 79$ kmol/h。

5. 其中的 A 流量應為：$n_{AR} = n_{AF} - n_{AP} = 10.5$ kmol/h。

6. 所以 A（氧氣）之莫耳分率為 $x_{AR} = \dfrac{10.5}{79} = 0.133$。

[4-10-2]

質傳通量 $N_A = \dfrac{c_1 - c_2}{1/k_1 + 1/p_M + 1/k_2} = \dfrac{(1 \times 10^{-4} - 5 \times 10^{-7})(10^6)}{2/5.24 \times 10^{-5} + 1/p_M} = 8.11 \times 10^{-4}$，所以穿透係數 $p_M = 1.18 \times 10^{-5}$ m/s。

[4-10-3]

1. 因為分離比 $\alpha = 10$，壓力比 $\beta = \dfrac{p_L}{p_H} = \dfrac{20}{80} = 0.25$，$x_O = 0.3$，根據 (4-100) 式可得：

$$\dfrac{y}{1-y} = \dfrac{10(0.3 - 0.25y)}{(1-0.3) - 0.25(1-y)}$$，從中可計算出 $y_p = 0.678$。

2. 定義穿透比 θ 為穿透氣體流量對排出氣體流量的比值，且因為 $x_F = 0.413$，所以根據質量均衡可得 $x_O = \dfrac{x_F - \theta y}{1 - \theta}$，使 $\theta = 0.299$。

3. $A = \dfrac{\theta L_F y}{(P_A' / d)(p_H x_O - p_L y)} = 1.942 \times 10^6$ cm^2。

[4-10-4]

1. 原料的流量 $F = 0.3$ m^3/h，假設出口溶液的流量為 L，穿透的水流量為 V，可知 $F = V + L$。對溶質進行質量均衡則可得：$x_F F = x_L L$，亦即 $(0.3)(5) = (0.3 - V)(50)$，因此 $V = 0.27$ m^3/h。

2. 若管束的總側壁面積為 A，則從擴散定律可知：$V = P_m A \Delta p$，其中壓差 $\Delta p = 200$ kPa，穿透係數 $P_m = 1.8 \times 10^{-4}$ m/(kPa·h)，故可得到面積 $A = 7.5$ m^2。

3. 超濾管的數量 $N = \dfrac{A}{\pi d L} = \dfrac{7.5}{(\pi)(0.01)(2)} = 119$。

國家圖書館出版品預行編目資料

圖解單元操作／吳永富著. -- 初版. -- 臺北
市：五南圖書出版股份有限公司, 2022.05
　　面；　公分
　　ISBN 978-626-317-765-9（平裝）

1.CST: 單元操作

460.22　　　　　　　　111004801

5BK4

圖解單元操作

作　　　者 — 吳永富（57.5）

發 行 人 — 楊榮川

總 經 理 — 楊士清

總 編 輯 — 楊秀麗

副總編輯 — 王正華

責任編輯 — 金明芬

封面設計 — 王麗娟

出 版 者 — 五南圖書出版股份有限公司

地　　　址：106台北市大安區和平東路二段339號4樓

電　　　話：(02)2705-5066　　傳　　　真：(02)2706-6100

網　　　址：https://www.wunan.com.tw

電子郵件：wunan@wunan.com.tw

劃撥帳號：01068953

戶　　　名：五南圖書出版股份有限公司

法律顧問　林勝安律師事務所　林勝安律師

出版日期　2022年 5 月初版一刷

定　　　價　新臺幣280元

經典永恆・名著常在

五十週年的獻禮——經典名著文庫

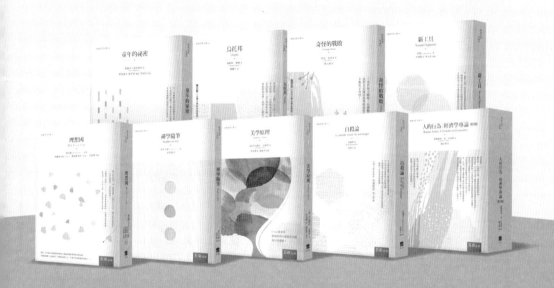

五南，五十年了，半個世紀，人生旅程的一大半，走過來了。

思索著，邁向百年的未來歷程，能為知識界、文化學術界作些什麼？

在速食文化的生態下，有什麼值得讓人雋永品味的？

歷代經典・當今名著，經過時間的洗禮，千錘百鍊，流傳至今，光芒耀人；

不僅使我們能領悟前人的智慧，同時也增深加廣我們思考的深度與視野。

我們決心投入巨資，有計畫的系統梳選，成立「經典名著文庫」，

希望收入古今中外思想性的、充滿睿智與獨見的經典、名著。

這是一項理想性的、永續性的巨大出版工程。

不在意讀者的眾寡，只考慮它的學術價值，力求完整展現先哲思想的軌跡；

為知識界開啟一片智慧之窗，營造一座百花綻放的世界文明公園，

任君遨遊、取菁吸蜜、嘉惠學子！